U0321086

一本书看懂
转基因

林基兴
著

上海译文出版社

01

余淑美院士与同仁为《科学月刊》所做的转基因作物专辑。

图片来自《科学月刊》

02

右为黄金米、左为普通米

图片来自"黄金米计划"

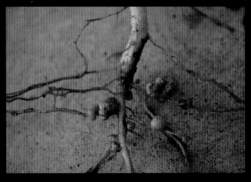

03

豆科根瘤

图片来自 Wikimedia Common

04

金鸡纳树

图片来自 Wikimedia
Common

05

毛地黄

图片来自 Wikimedia Common
Enrico Blasutto

06

古柯（叶内含可卡因）

图片来自 Wikimedia Common

07

除虫菊

图片来自 Wikimedia Common

08

玉米螟虫

图片来自美国农业学家 Scott Akin

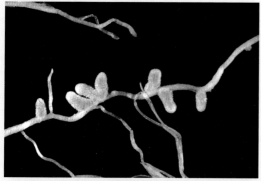

09

紫花苜蓿根瘤菌的根瘤

图片来自 Wikimedia Common

10

姬蜂

图片来自 Wikimedia Common

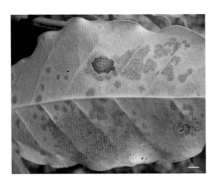

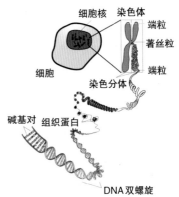

11

咖啡锈病

图片来自 Wikimedia Common

12

从细胞到染色体到 DNA

图片来自 Wikimedia Common

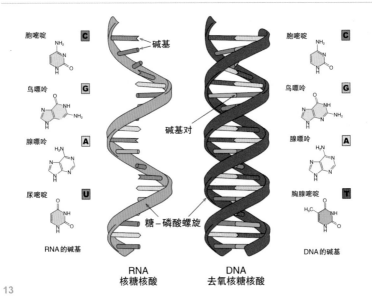

13

DNA 与 RNA

图片来自 Wikimedia Common

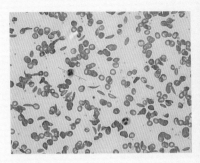

14

镰状细胞性贫血患者血液中，有正常圆形
细胞和镰状细胞

图片来自 Wikimedia Common

15

拟南芥基因组有助于了解其他植物基因组

图片来自 Wikimedia Common

16

"佳味"（FLAVR SAVR）番茄为全球首度上
市的转基因作物

图片来自 Wikimedia Common

17

玉米的演化（从左的假蜀黍到右的近代玉米）

图片来自 Wikimedia Common

18

抗李痘（其病毒为核果
类作物最具毁灭性的病
原）转基因李子

图片来自Wikimedia
Common

19

分子农场（苔藓生物反
应器）

图片来自Wikimedia
Common

20

台大分子及细胞生物研究
所所长蔡怀桢发明"转基
因萤光鱼"

图片来自Wikimedia Common

21

油菜籽

图片来自 Wikimedia Common

22

美丽的油菜田（"油菜花"音如"有才华"）

图片来自 Wikimedia Common

23

大桦斑蝶

图片来自 Wikimedia Common

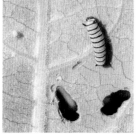

24

大桦斑蝶幼虫

图片来自 Wikimedia Common

26

生物科技公司的植物工厂

图片来自台大生物产业机电工程学系系主任方炜

25

花生叶遭受欧洲玉米螟虫侵袭（顶部
图片），相对的是受到苏云金芽孢杆菌
保护（底部图片）

图片来自 Wikimedia Co

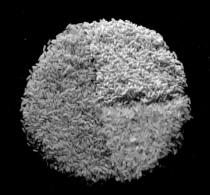

27

黄金米（营养含量多与少）和普通米，浅黄
为基因表现少的早期黄金米。

图片来自 "黄金米计划"

目录

曲　终　化作春泥更护花

浓浓的谢意

山重水复疑无路

许多致力于绿色生物技术、解决营养不良问题的科学家，所面临的矛盾是：在早期，批评者会说，目前的生物技术不具备解决人类营养不良的特质，而只是为那些农民和种子公司牟利；现在，经过多年来的努力终于研制出黄金米，可解决维生素A缺乏的问题，却被批评"以尚未允准食用的转基因[1]米喂食人们"，导致风险。

——黄金米计划，"做了挨骂、不做也挨骂。"

（Damned if you do,damned if you don't.）

1992年，瑞士苏黎世联邦理工学院的教授波特里库斯（Ingo Potrykus）在美国洛克菲勒基金会的研讨会中，获悉每年有上百万人因为缺乏维生素A而死亡，其中半数以上是孩童。有一个解决方法是在主食中添加β胡萝卜素，食用之后，β胡萝卜素可被人体分解成维生素A吸收利用。

可是作为主食的水稻，胚乳部分并不含β胡萝卜素。与会的专家学者都认为无法利用传统的育种方法，培育出含有β胡萝卜素的水稻。

此会议让波特里库斯认识了德国弗莱堡（Freiburg）大学的拜耳（Peter Beyer）教授，两人便计划要把参与β胡萝卜素生物合成过程的几个酶，利用转基因技术转入水稻中，培养出可以在胚乳中累积β胡萝卜素的水稻。这是十分大胆的提议，因为当时转基因水稻仍然十分困难，遑论一次转入多个基因、调控合成过程。在洛克菲勒基金会，大多数的审查委员都不看好这项计划，但基于研究计划若能成功，可以拯救成千上万条人命，结果，基金会批准了这项计划（7年经费260万美元）。

---

1 genetic modification，英文意思稍正面（修正、改良），但中文稍负面。1970年代，科学界先是使用"重组DNA"（recombinant DNA）的说法，后来出现"基因工程"（genetic engineering）和"基因改造"的称呼，但科学界目前较常使用"转基因"（transgenic）这个术语。

1999年3月，他们在水稻胚乳中成功累积了β胡萝卜素，由于种子的胚乳呈现金黄色，他们就把这种水稻称为"黄金米"。在科学发展史上，黄金米（彩图02）的问世是一项非常重要的突破，黄金米也是第一个为拯救生命而研发成功的转基因作物。波特里库斯选择进行转基因的水稻品种是"台北309"，原因是这个品种很容易存活，它属于粳稻，是由中国台湾"农委会"的农业试验所培育出来的。

从左至右，依次是：黄金米计划的执行秘书杜伯克（Adrian Dubock，曾受"农委会"之邀来过中国台湾）、波特里库斯、拜耳、美国洛克菲勒基金会代表。（图片来源：黄金米计划）

两人的这项研究成果，由美国密苏里植物园主任雷文（Peter Raven，华盛顿大学教授、曾任中国台湾科技顾问），推荐给《科学》（*Science*）期刊，在2000年1月登出。

令人头痛的是反转基因声浪接踵而至，联邦理工学院花费数百万美金建造防弹玻璃转基因温室，以防反对者的攻击。黄金米发表后不久，绿色和平组织便举行抗议活动，反对理由是黄金米是种子公司的特洛伊木马，用意在让大家接受黄金米后，也接受其他转基因作物。又说黄金米的β胡萝卜素含量很低，讥笑其为"傻瓜的黄金"[1]；还有人批评黄金米"难吃死了"！

2012年8月，著名周刊《新科学家》（*New Scientist*）有文指出，绿色和平组织等反对黄金米者，看起来像为了阻挡转基因而不计任何代价。黄金米"这么动机良善"的先进食物，境遇却这般坎坷，其他转基因项目岂不更惨？这到底是怎么回事呢？

谁家玉笛暗飞声？

美国国家情报委员会有一项重要工作是：每四年为刚就任的总统提出全球趋势报告，分析未来十五年的可能发展。最新一次报告为2012年12月发表的《2030年全球趋势》，提到四大科技影响世界，其一为"保护重要资源的科技"，包括"维护食物、饮水、能源"的转基因作物、太阳能、生物燃料等。

其中举了一些例子：转基因叶绿体科技有助于利用太阳能、高效

---

1   2005年，研究团队已将β胡萝卜素的含量提高23倍。

荷兰植物育种学家斯豪滕教授，受尊为"同源基因改造之父"，2012年年底曾来台湾地区分享转基因经验，见第六章。

（图片来源：Henk Schouten）

率微生物与植物有助于生产生物燃料、耐旱作物也可经转基因技术达成。《2030年全球趋势》建议，国家社会的领袖应当了解转基因科技的关键性。

可惜，台湾地区的转基因在研发与商业化方面，也遭逢相当的阻力，主因和农业科技政策有关；而民众不了解基因科技，以及加上媒体的误导，弄得社会恐慌，则为幕后驱力。

请看看你我的生活周遭：便利商店豆浆盒上标示"非转基因大豆"、玉米罐头强调"使用非转基因玉米"等，琳琅满目。民众处在这种环境之下，也许只会猜想有"非转基因"字眼的，才是"好东西"，至于转基因食品则为有问题的，就像塑化剂一样。

真的是这样吗?

2012年年底，荷兰瓦格宁根大学的分子植物育种学家斯豪滕（Henk Schouten），来台分享转基因经验时提到，即使他们志在挽救苹

马铃薯晚疫病，病原为一种水霉菌，会让马铃薯腐烂。
（图片来源：Wikimedia Common）

果黑星病与马铃薯晚疫病等受灾作物，使用和传统育种几乎一样的做法，但还是受到强烈反对。为何转基因这般不见容于反对者呢？

有鉴于此，本书志在解释基因科技，希望有助于民众了解转基因食品背后的正确科技知识，包括为何需要重视转基因科技（就如美国国家情报委员会的报告）、转基因的来龙去脉，以及因应之道。

老实说，转基因科技确实有些难懂。接下来的第一章，要先引导读者宏观考量地球的大环境，包括人类与其他生物的"求生"竞合关系，这些是体会转基因来龙去脉的重要基础。

人是过客，环境长存

　　上个世纪末，巴斯德替羊只注射炭疽病疫苗时，那些邻近村落的村长和农民都大呼，要赶紧阻止这个疯子，不然他会毁掉附近所有的羊群；幸好当时没有人听他们的话。到了1970年代末，一些环保专家极力阻止基因工程的研究，也没有成功，今天所有医学界才得以享有从那时起的研究成果。

——雅各布（Francois Jacob），1965年诺贝尔生理医学奖得主

生物来去，人类跃升

　　宇宙已经137亿岁，地球（和太阳等）也有45亿岁了。35亿年前，地球上诞生生命，这是生物共同的祖先。（地球生物共祖，可从分析各种生物的遗传物质DNA而得。）历经多年进化，目前地球上约有近千万种物种。

　　科学家发现物种灭绝规律，平均周期为六千多万年，地球每经历此周期，就会爆发生物大灭绝。五亿年前的寒武纪大爆发、多细胞物种开始迅速增多之后，发生过五次生物大灭绝。最后一次大灭绝是六千多万年前的白垩纪——第三纪灭绝事件，恐龙灭亡了，然后哺乳动物开始多样化。几百万年后，非洲的猿类动物获得了直立行走的能力，能使用工具，发展农业，开始出现文明。

　　生物大灭绝的可能原因很多，包括地外星体撞击地球、火山活动、气候变冷或变暖等。每次的大灭绝事件，都能在相对短时期内（就地质年代而言）造成八九成以上的物种灭绝。但是，少数生命力或逃逸能力强的物种，能够忍受灾变造成的极端恶劣环境，或逃离灾区至异地避难而留存下来。同时，灾变引起的环境变化，也给新物种的诞生开创新机缘，包括旧物种灭绝后让出的空间。大灭绝期间幸存的和新生的物种，在灭绝事件后开始复苏和发展，并进而开创生物进化的新

诗篇，这可说是"宏观的新陈代谢"。

有人认为，目前生物正遭逢第六次大灭绝，祸首就是人类：从人类和其他生物的互动关系来看，人类似乎是一种"病原"。人类跃上食物链顶端，只是几万年前的事。近百年来又挟持日益强大的科技产品，强势的人类已经导致许多生物的灭绝了[1]，原因包括杂食所有各式可吃的东西、掠夺其他生物的栖息地、污染环境；人又时时护卫"人自己这个物种"，例如爆发人畜共患疾病疫情时，扑杀致病畜类。

人口爆炸的后果

由于工业化和粮食生产技术进步，促使全球多数地方的出生率上升，加上医药科技的发达导致死亡率大为下降，世界人口出现快速且大量的增长。科学家称此种人口自然增加率大幅增长的现象为"人口爆炸"。美国普查局估计，从人类出现到全球人口10亿人，约需1万多年（公元前1万年到1804年），但增为两倍（1927年达到20亿人）只花了123年，再增两倍（1974年达到40亿人）则只花了347年。

国际科学院组织[2]在1994年的人口增长宣言指出，诸如大气中的二氧化碳量增加、全球气候变暖、污染等许多环境问题，均因人口增长而加剧。2012年全球人口已达70亿人。联合国人口基金会预估2050年时，全球人口将达到90亿，地球简直将像一座"人类饲养场"。

英国人口学家马尔萨斯（Thomas Malthus）认为，若缺乏限制，人

---

1 美国著名科幻作家斯特林（Bruce Sterling）宣称，2380年时，人类灭绝，鸟兽植物均"额手称庆"。

2 国际科学院组织（InterAcademy Panel）为集合105国和地区的科学院的组织，创建于1993年，旨在协助各国科学院，让民众了解全球关键科学议题。

英国人口学家马尔萨斯。
（图片来源：Wikimedia Common）

口呈指数速率增长，而食物供应仅呈线性速率增长，地球将不能支持不断增长的人口。但是后来发展出诸如"绿色革命"[1]的技术，使得世界粮食足敷所需。马尔萨斯的预言并没有实现。

虽然世界粮食总量足以供应人口所需，但是在2010年，全球却有9亿饥饿人口，约占世界68亿人的13%，主因是贫穷（全球超过10亿人，每天所得不多于1.25美元），而在背后作祟的则是有害的经济系统（冲突与贪污）、气候变迁导致干旱与水灾等，让粮食生产面临一些困境，让饥饿与贫穷更为严峻。

世界粮食日：每年反思温饱

每年的10月16日是世界粮食日，其来源是，联合国粮农组织成立于1945年10月16日，第二十届联合国大会于1979年将这一天定为世界粮食日，自1981年起施行，旨在唤起世界对发展粮食和农业的重视。

每年世界粮食日，联合国粮农组织均有特别活动，通常是围绕饥

1　1960年代和1970年代出现的"绿色革命"，让印度与中国等国发展成农业自给自足的粮食净出口国。生产力的提高带来个人收入的增加，并且刺激了国家经济的发展。联合国、世界银行等国际组织都认为，目前饱受粮食危机冲击的非洲地区，迫切需要进行第二次绿色革命。

荒问题的对策，例如，2012年发表《世界粮食不安全状况报告》，指出全球1/8人口受饥饿之苦，其中绝大多数在发展中国家，急需发展农业的量（因饥饿）与质（因营养不良）。

近30年来，台湾地区人口增长，但耕地面积却逐渐减少，粮食自给率从1981年的54%，降到2011年的32%，引发粮食安全[1]疑虑。相对的，日本粮食自给率41%、韩国45%、英国70%，至于美、加、澳、法均超过100%。

台湾地区没有定出粮食自给率目标，2011年"农委会"召开"粮食安全会议"，提出2020年粮食自给率目标提高到40%。未来，包括气候变迁、能源涨价、全球人口增长、生物质能源抢粮等因素推挤国际粮价，真让人担心台湾的粮食安全。

地球的困境：已超过环境承载力

环境承载力（环境容纳量、环境人口容量）是指：在一定条件下，某一环境体系能承担的人类数量与人类活动总量，它既包括自然环境提供给人的各类有形的与无形的资源，还包括自然环境容纳和消化人类废弃物的能力。

农业技术的发展，提升了环境人口容量。但是人类的军事活动、各种土木建筑工程、各式产业造成的污染，均会伤及地球环境承载力。例如，台湾地区每年有20万公顷的休耕地，就受到包括工业与害虫等的各式污染。

1　1996年，世界粮食高峰会定义"粮食安全"为：任何人在任何时候，均能实质且有效地获得充分、安全与营养的粮食，配合其饮食习惯及粮食偏好的健康生活。

人类农业改造自然环境，包括砍伐森林。（图片来源：Wikimedia Common/Merbabu）

　　2001年，联合国报告指出，大部分的研究显示，全球环境承载力的人口数，大约40亿到160亿。2002年，美国国家科学院院刊有文显示，在1999年，人类的需求已经超过了当年地球承载力的20%以上。

人口与农业"相互提拔"

　　为了温饱，人类需要农业，但也因而改造了自然环境。例如垦殖土地得砍伐森林，有时导致荒漠化。你可能不知道，农业是人为二氧化碳排放的主要来源：当今农林业的温室气体排放占全球的31%，比能源产业的26%还高！农业也是甲烷与氮氧化物的主要来源[1]。

1　2012年10月，国际农业研究磋商组织发表报告指出，全球食物系统（包括肥料制造与食品包装等），排放全球人为温室气体的1/3。

食物与水是人生两大基本需求。估计全球有七成的水，是用于灌溉等农业需求：大约3 000升的水，才够生产每人每日所需粮食，远多于每人每日所需的饮用水（2升到5升）。而且农业灌溉会因过度抽取地下水，而使地下蓄水层枯竭。

全球有许多地方的用水需求，已超过水资源能负荷的程度。2007年，国际水资源管理研究所指出，全球1/5的人住在缺水区，1/3的人缺乏干净饮用水。

联合国环境计划署在2010年的报告指出，农业和粮食消费是环境压力最重要因素中的两项，特别是造成栖息地的改变、气候变迁、水资源的耗竭，以及有毒物质的排放。

人口增加与农业增产"相互提拔"，催化剂是人道考量。全盛期是1940年代到1970年代末的"绿色革命"期间，全球农业增产救助超过一亿人免于饥饿。付出的代价是化学肥料和农药所致的牺牲环境（而且，大约一二十年就会出现抗除草剂杂草，约十年内会出现昆虫抗药性），这也更引发有机农业和可持续农业的声浪。

单一作物：产量高但风险大

当前绝大多数的农产品，使用的是二十多种驯化的植物物种，其中水稻、小麦、玉米是人类最主要的热量来源。

目前粮食生产力愈来愈高、生产量也愈来愈多，但是多样性却愈来愈低。例如早期台湾地区原有的水稻品种约两百种，但现今不到十个品种的水稻，占全台水稻生产量的3/4。而美国的工业化农业，采用大规模、机械化的耕作，并且仅仅挑选能够快速量产、口感佳的品系，方便农民统一种植、培育、收割，使农产效率大幅提升。

然而这些单一作物，因为基因多样性低，对于干旱、水灾、疾病、害虫的抵抗力也低。而且单一品种、大面积的种植方式，一旦面临疾病，会造成大区域的蔓延危害。著名的例子是1845年至1852年间，发生于爱尔兰的大饥荒，约有一百万人死亡。造成饥荒的主因是晚疫病，病原为一种水霉菌，会让马铃薯腐烂，而马铃薯是当时爱尔兰人的主要粮食，且几乎是单一作物。

又如，目前小麦叶锈病真菌，造成了乌干达和肯尼亚小麦产量锐减，并已侵入亚洲，让人很担心会影响到全球各地的小麦。因为"绿色革命"以后，全世界小麦作物的基因都相似。

另外，面临虫害时，由于整个农作区域都是害虫的食物，得以让害虫大量繁衍；而为了对抗害虫，增加农药使用量[1]，造成环境更大的破坏。这是一种恶性循环。

马铃薯晚疫病菌导致19世纪的爱尔兰大饥荒。（图片来源：Wikimedia Common/James Mahony）

---

1 1999年，英国政府主导农地规模评估，耗费600万英镑，前后5年，涉及3种耐除草剂转基因作物，在全国各地266处田间测试。此评估主要研究对杂草、昆虫及鸟类等生物多样性组成物种的影响。研究发现，使用的除草剂不同，会导致生物多样性出现差异。

肥料：“天下没有白吃的午餐”

植物的生长需要肥料成为植物组织的一部分，加上土壤流失等因素（地表形成1米厚的土壤，约需至少300年），因此农作物需要施肥。例如，每公顷土地生产6吨到9吨玉米，需要30公斤到50公斤磷肥，大豆则需20公斤到25公斤的磷肥。

肥料可分为化学肥料、有机肥料、生物肥料三类，各有优缺点，如何相辅相成，考验社会的智慧。有机肥料利用动植物或微生物的残体与排泄物制成，优点是效果缓和，较少肥伤，较不伤土壤生态，但是有机肥料体积庞大，施用成本较高，生产堆肥需大面积土地与设备，耗时耗工，生产过程需解决臭味与废水问题。[1]

生物肥料指的是：经过培养、具有活性的微生物或休眠孢子，包括细菌、真菌、藻类等，以及其代谢产物的制剂。由于生物肥料以微生物来源最多，也称为微生物肥料。生物肥料有一定的保存期限，且效果较易受环境影响，肥效较缓慢。科学家也研发了一些生物肥料（菌株），可协助有机肥料，提高堆肥的总氮含量。

讲到氮，空气中有八成是氮气，但是植物几乎无法利用。例外的是固氮生物，能将空气中的氮气固定为较有用的形式，例如氨，最有名的当数根瘤菌，能与豆科植物共生，在植物根部形成根瘤（彩图03），作为固氮作用的场所。

1　个中辛苦，就像郑板桥的《四时田家苦乐歌》：……夜月荷锄村吠犬，晨星叱犊山沉雾。到五更惊起是荒鸡……脱笠雨梳头顶发，耘苗汗滴禾根土。更养蚕忙杀采桑娘……霜穗未储终岁食……扫不尽牛溲满地，粪渣当户。茅舍日斜云酿雪，长堤路断风和雨。尽村春夜火到天明，田家苦！

1919年诺贝尔奖得主德国化学家哈伯。
（图片来源：Wikimedia Common）

科学家想要模仿。1908年，德国化学家哈伯（Fritz Haber）发明了氮气加氢气产生氨气的方法，因此可大量生产肥料。化学肥料效果直接且快速，也较生物性肥料与有机质肥料便宜；但这种优势与使用便利性，会造成超施，致使植物抵抗力变弱、土壤酸化、农产品含高浓度硝酸盐等问题。

另外，土壤里的肥料会随雨水或灌溉渗漏到地下水或流至河流与湖泊，可能导致水的富营养化现象，使水中的藻类大量繁殖，因而破坏了水中自然生态的平衡。

生物的进化是必然现象

有人抱怨转基因效果不能永远有效地抗虫害与抗病，其实，使用各种方式均会发生反弹和抗性。1960年代到1970年代，新的小麦锈病从墨西哥传染到美国，于是传统育种者慌忙寻找与培育能抗此锈病的小麦。几年后，又有一种新病毒出现，育种者只好再度努力搜寻。永久有效的抵抗力是不可能的。

——比奇（Roger Beachy），美国国家食品与农业研究所主任

1858年，英国博物学家达尔文（Charles Darwin）提出进化论，解释种群里的遗传性状在世代间的变化，进而造成个体间的遗传变异。

英国博物学家达尔文，提出进化论。
（图片来源：Wikimedia Common/Henry Maull and John Fox）

物竞天择挑出最适合所处环境的变异，使适应得以发生。

　　生物之间的竞争与适应进化，可由下述例子说明：1928年，英国科学家弗莱明（Alexander Fleming）在培养细菌的过程中，发现培养皿遭霉菌污染，霉菌附近的细菌都无法生长。弗莱明推论霉菌有杀菌的能力，后来发现霉菌会制造一种成分——"青霉素"来消灭细菌，这是不同生物间互相对抗、以求生存的手段。这就是第一个被发现的抗生素"盘尼西林"。

　　之后，愈来愈多种抗生素出现。随着这些药物的大量使用，抗药性的问题也随之而来。抗药性是物竞天择的结果，随时发生。抗药性来自突变，包括染色体变异和基因突变。事实上，细胞中的遗传物质能够经由许多方式改变，例如细胞分裂时的复制错误、放射线的照射、化学物质的影响或是病毒感染。

　　微生物的抗药性，是进化证据之一。例如，金黄葡萄球菌在

1945年诺贝尔奖得主，英国科学家弗莱明。
（图片来源：Wikimedia Common/Andre
Engels）

1943年仍可使用青霉素（盘尼西林）治疗，到了1947年就已经发现具抗药性的菌株。1960年代改用甲氧苯青霉素，同样因为抗药性菌种的散布，使得1980年代改用万古霉素。到了2002年，也发现抗万古霉素的菌种了。

（"中研院"何曼德院士很忧心地表示，台湾地区早年因为传染病很普遍，所以使用大量的抗生素，再加上药房销售及农牧业使用抗生素，如今我们较许多地区具有较高比例的抗药性病菌。例如，多数的呼吸道感染为病毒导致，不需要使用抗生素，但有1/3的民众使用抗生素，滥用抗生素易造成人体抗药性细菌增强，严重者未来恐将面临无药可用的地步。）

在治疗疟疾的药物方面，1820年，法国化学家佩尔蒂埃（Pierre Pelletier）与卡文图（Joseph Caventou），从金鸡纳树（彩图04）分离出奎宁，也就是金鸡纳霜；但是在第二次世界大战之后，疟原虫产生抗药性。1972年，中国科学家屠呦呦团队发现青蒿素；2009年，世界卫生组织在柬埔寨和泰国边境，发现部分疟疾患者体内疟原虫已对青蒿素产生抗药性，担心青蒿素失效，便提议使用青蒿素与其他药物联合使用的复方疗法。[1]

天择其实是军备竞赛

生物力求生存，因此存在竞争[2]，例如前面提过19世纪的爱尔兰大饥荒，主因是在摄食马铃薯方面，晚疫病菌比人"捷足先登"。

其实，植物也不见得是弱者，它有"二级产物"让植物防御动物等外敌，那就是保护植物的化学毒素，例如菊花的除虫菊素。另外，科学家发现，植物的化学产物其中有些可当药物，例如：毛地黄（彩图05）制成的强心剂、古柯叶（彩图06）内的可卡因。要在大自然中生存，就需自保，这就是进化的结果。

植物在进化过程中，因为天择倾向能抵御外敌而存活的物种，它们能分泌毒物保护自己。例如，植物的化学防御物质之一呋喃香豆素（furanocoumarin），它只在受紫外线照射时才具毒性，动物若在阳光下咀嚼它，就会倒大霉。然而，动物和植物一直在竞赛中，譬如，有些毛毛虫侵略植物时，会先将它们卷起来，阳光就照不到。

害虫[3]在面对根除它们的企图时，抵抗力也跟着增加，著名例子是

---

1 进化让人有些"活路"，例如，人体对疟原虫有一定的免疫反应，但疟原虫具有一套非常复杂的遗传系统，在宿主的免疫反应压力下，疟原虫可以通过基因重组的方式，迅速改变它们与所寄生细胞的表面抗原，使得寄生虫在血液内不容易被根除。然而，带有镰状红细胞疾病基因的人（红细胞变形为镰刀状，会导致微血管梗塞与短命），疟疾症状比较不严重（原虫部分时间在红细胞度过）。进化让人以受镰状红细胞之苦，交换减轻疟疾之苦。
2 1864年，英国哲学家斯宾塞（Herbert Spencer）将"天择"诠释为"适者生存"——这句令人朗朗上口的话，并非达尔文的原意，达尔文只是说"更能适应变化中的环境"。
3 人类区分"益虫"或"害虫"、"宠物"或"公敌"，是以其对己有利或害而定；施药救人，往往是杀害寄生虫或细菌、病毒等微生病原。

使用DDT后，害虫进化出抵抗力。农夫使用杀虫剂时，天择就会筛选出抵抗力强的物种（进化是个聪明能干的对手），结果是科学家必须从头再来，研发更厉害的杀虫剂，而害虫又进化出抵抗种；然后整个过程又翻新重来。

害虫抵抗力的增强，实在是奋力求生的结果，并非只针对某因素（转基因等）而来，天择进化正是自然界的现实。

在非洲，疟蚊肆虐，即连使用蚊帐也引起"抗蚊帐"疟蚊，不在夜晚而在傍晚咬人的新品种冒出头；另外，清晨咬人的品种也胜出。夜晚没啥人可咬时，进化导致更能适应环境变化的疟蚊出头天。

——《疟蚊适应蚊帐》，《新科学家》

蝗灾：与人争食

蝗虫与人类的"竞赛史"就是生物间永恒拔河的范例。

全球蝗虫分布于热带、温带的草地和沙漠地区。已知最大的蝗虫群可覆盖50多万平方公里的面积，里头有130兆只蝗虫。几乎所有的作物和非作物植物，均会被蝗虫侵袭。另外，蝗虫的粪便是有毒的，会污染食物。大量的蝗虫吞食禾田，使农产品完全遭到破坏，引发严重的经济损失，而且造成粮食短缺、发生饥荒。

蝗灾、水灾、旱灾为中国三大灾害，依统计，约每三到五年一次蝗灾。《诗经》："不稂不莠、去其螟螣。及其蟊贼、无害我田稺。田祖有神、秉畀炎火。"文中的螣，就是蝗虫。《旧唐书》："夏，蝗，东自海，西尽河陇，群飞蔽天，旬日不息；所至，草木叶及畜毛靡有孑遗，饿殍枕道。"

因不解科学，中国古人畏惧自然，而有"蝗神"的说法。西方也

手无寸铁的民众哪是铺天盖地的蝗虫的对手？
（图片来源：Wikimedia Common）

类似，《圣经·出埃及记》提到，神以蝗灾打击埃及："那一昼一夜，耶和华使东风刮在埃及地上；到了早晨，东风把蝗虫刮了来。蝗虫上来，落在埃及的四境，甚是厉害；以前没有这样的，以后也必没有。因为这蝗虫遮满地面，甚至地都黑暗了，又吃地上一切的菜蔬和冰雹所剩树上的果子。埃及遍地，无论是树木，是田间的菜蔬，连一点青的也没有留下。"1915年，蝗灾袭击中东地区，几乎摧毁所有的植物，造成饥荒与物价上涨；当地人认为，蝗灾为神惩罚人的罪恶，需要祷告祈求神宽谅。

国际LUBILOSA计划[1]志在寻求非化学控制蝗虫的方法，已成功发展出微生物农药mycoinsecticide，昵称"绿色肌肉"（Green Muscle）；该计划源自1987年到1989年间，蝗灾时大量使用化学药剂后的检讨

---

1 "国际LUBILOSA计划"的原文全名是：Lutte Biologique contre les Locustes et les Sauteriaux，执行期间为1989年至2002年。

改进。

蝗虫的天敌是鸟类和蟾蜍，但比起蝗虫数目，天敌简直微不足道。在蝗群肆虐区施放有毒食物，是很有效的做法，但最便宜的方法还是：以飞机喷洒杀虫剂在蝗虫群或被吃的作物上。然而2004年西北非闹蝗灾，依然造成莫大灾情，联合国粮农组织估计作物损失高达25亿美元，有些国家甚至丧失一半作物。

杂草：生非其地

杂草求生与人类求温饱，也是生物竞争的好例子。

古来，人对杂草褒贬均有，例如《圣经·创世记》写道："地必为你的缘故受咒诅……地必给你长出荆棘和蒺藜来。"莎士比亚《十四行诗》："为什么你的香味赶不上外观？土壤是这样，你自然长得平凡。"日本禅师铃木俊隆则说："对于初学禅者，杂草就是宝藏。"他赞赏杂草的坚韧、野性，与大自然的联结。

"农委会"刊物提到，中文称杂"草"，隐含草本植物，但英文字weed则无"草"之意。事实上，所有的作物均源自野生种，也就是杂草。所谓18种"世界上最麻烦的杂草"，竟有17种是作物呢！那么，杂草到底该怎么定义呢？美国杂草学会曾定义杂草为：长在不受欢迎处的植物。不过，即使是植物专家也不易将何种植物归类为杂草。有人干脆定义杂草为"生非其地"的植物。近来则因提倡生物多样性，杂草便改称为"尚未被发觉特殊用途且可经济性栽培的植物"。

杂草的麻烦包括：降低作物产量与品质，它也是人畜的过敏原，例如猪草、银胶菊与大花咸丰草的花粉；杂草为害虫与病源的重要寄主，例如雀麦属为谷类害虫的寄主，可传染大豆黄色矮化病毒。

但是杂草有它们的繁殖优势：杂草的花粉易传播授粉、种子易萌芽、寿命长而且多产。杂草也具有幼苗生长快速与植株耐逆境等强势的竞争力。要完全消灭杂草，可不容易啊，何况杂草并非一无是处。事实上，杂草也能助益人类，譬如：覆盖表土而具有水土保持功能，杂草透过根系可以使土壤养分循环利用，增加土壤有机质含量（所谓养草肥田），还可调节微气候。杂草提供昆虫栖息，并供应花粉花蜜等食物来源。杂草愈是多样化，愈能够明显降低病源种群。

所以说，杂草只是生非其地而已。人类要耕作，需要农地，错生在农地的杂草，只得被铲除。

农药：一刀两刃

各种生物求生竞争之激烈，由"万物之灵"的人类所使用的农药[1]可一窥端倪。

根据"农委会"的定义，农药指用于防除农林作物或其产物的病虫鼠害、杂草者，或用于调节农林作物生长或影响其生理作用者，或用于调节有益昆虫生长者。

国际上，依农药的防治对象，可分为杀菌剂、杀虫剂、除草剂、杀螨剂、杀鼠剂、杀线虫剂、植物生长调节剂、除螺剂、除藻剂等。目前，台湾地区核准的杀菌剂约200种，总共约核准500多种农药

---

[1] 英文字pesticide通常翻译成"农药"，但其实范围更广，不只限于农业用，例如，包括去除宠物的虱子。在美国的使用量，一年约60亿磅，其中约1/5（12亿磅）用在农业上，其他用途包括消毒剂与保护木材。值得注意的是，一般人使用杀虫剂的每单位面积喷洒量，远比农民或专家用的量高。

产品。

古人不解科学，以经验法则，从自然物质中尝试，并不知农药的原理与对人的伤害。最早的农药应是四千多年前，在中东使用的硫（古希腊诗人荷马还曾提出，使用燃烧的硫磺作为熏蒸剂）。古罗马曾用砷作为杀虫剂。到了15世纪，用来杀死农作物害虫的有毒化学物质，包括砷、汞、铅等。中国古代也使用硫来控制细菌和霉，使用含砷的物质来抑制昆虫。

农药既然能伤及其他生物，或多或少也会对人体造成危害。毒性的定义其实是：凡是物质过量即具有毒性。目前，大部分农药适量使用时，对人畜与环境的毒性是很低的，甚至不具毒性。（请注意，是"适量使用时"才会如此。目前台湾地区使用的500余种农药中，剧毒性农药约有50种。）

17世纪时，人们已从烟草叶萃取尼古丁当农药。番木鳖碱则来自马钱子（马钱科常绿乔木植物）[1]，可毒杀老鼠等啮齿类动物，它对人而言也是剧毒物。19世纪时，除虫菊（彩图07）化合物已从菊属植物提炼出来；鱼藤酮则是从热带植物（主要是鱼藤）的根部提炼出来；此外还有毒鱼酮，那是从豆科藤本植物根部提取的一种天然杀虫剂。

从植物萃取杀虫剂有些难度，因为不易纯化，但近代合成化学与生物学的发展，令其改观。1930年代以来，包括有机氯杀虫剂（DDT等）、有机磷杀虫剂，纷纷推出。第二次世界大战之后，除草剂声名大

1 番木鳖碱的人工合成在1954年由伍德沃德（Robert Woodward）团队完成，他也因在合成复杂有机分子方面的重大贡献，荣获1965年诺贝尔化学奖。

喷洒农药，协助赢得人与害虫的战争。

（图片来源：Wikimedia Common/Lite-Trac）

噪，最著名的是2,4-D（2,4-二氯苯氧乙酸）。美军在越战中喷洒大量的橙剂，试图造成遍地落叶、暴露越共行踪，结果却让越南出现许多畸形婴儿。橙剂的成分之一就是2,4-D。另外，科学家也合成出生长素[1]，可破坏植物的成长。

　　大部分的化学杀虫剂，作用在昆虫的神经系统。可是昆虫的中枢和周边神经系统，与哺乳类的基本上类似，虽然小量的杀虫剂即足以杀死昆虫（因昆虫体积小且代谢率高），但也可能对人体和哺乳动物造

1　生长素是第一种被发现的植物激素，生长素有调节茎的生长速率、抑制侧芽、促进生根等作用，可有效促进插枝生根。生长素对植物生长的作用，与生长素的浓度、植物的种类以及植物的器官（根、茎、芽等）有关。通常，低浓度可促进生长，高浓度反而会抑制生长，甚至致植物死亡。

成某种程度的伤害。

值得一提的新兴杀虫剂是合成除虫菊精，始于1980年代。天然除虫菊精是从除虫菊花中提炼出的杀虫剂，遇阳光与空气极易分解，毒性低，对人体的影响主要是部分刺激与过敏性反应。自从合成除虫菊精问世后，现多采用化学合成方法制成纯化的"除虫菊酯"。除虫菊精类的毒性作用，与DDT的神经毒性类似，它的毒性机制会使神经细胞膜上的钠离子通道无法正常闭合，造成神经纤维持续放电而引起神经系统麻痹。但是不同于DDT动辄长达数年的半衰期，除虫菊精的半衰期相对来说极短。

杀菌剂可用来对付生存于作物与食物的真菌（霉菌等）。控制农作物上的真菌很重要，不只是因为真菌破坏作物，也因为有些真菌会产生有毒的霉菌毒素，例如，黄曲菌产生的黄曲霉素，常污染花生和玉米；黄曲霉素有很强的毒性和致癌性，常使动物及人类肝脏发生病变。另外，作物真菌产生的麦角生物碱，则会导致幻觉。

有些灭鼠剂是抗凝血剂。譬如早期的一种灭鼠剂，与植物衍生的抗凝血物可迈丁（来自草木犀属植物）有关，但在1950年代，老鼠产生抗性，科学家就得研发更强的第二代抗凝血剂。

传统人虫之战中，使用农药有时事倍功半。例如，玉米被螟虫（彩图08）咬食后，易发霉而引起真菌性毒素和黄曲霉素污染，若以此喂食动物则易造成伤亡。在传统防治上，一般是喷洒农药，但十分不易消灭螟虫，因为螟虫躲藏在层层玉米叶鞘包覆的茎秆之中。

世界卫生组织估计，每年约产生300万个农药中毒的个案，导致22万死亡病例，主要发生于发展中国家。农药能杀虫除草，也能杀人，是一刀两刃。

除草剂的功与过

杂草与作物竞争水分、养分、光线等资源，导致作物减产与品质恶化。

在农业中，以化学方式除草的开端，可追溯到19世纪末，在防治欧洲葡萄霜霉病时，偶尔发现波尔多液[1]能伤害一些十字花科杂草，而不伤害禾谷类作物。后来，法国、德国、美国等地发现了硫酸和硫酸铜的除草作用，也用在小麦田除草。到了1980年时，除草剂已占世界农药总销售额的四成，超过杀虫剂，跃居第一位。

另外，传统的翻土除草，易导致土壤流失。若使用除草剂，就可减少翻土。这是除草剂大受欢迎的原因之一。可是要防治的杂草种类很多，到底要喷洒多少种除草剂呢？还有，除草剂除掉非常多杂草，这下子换成许多昆虫与鸟类欠缺食物、闹饥荒了。

为了防止除草剂使用不当而产生药害，必须严格按照使用规范操作，包括：注意除草剂与敏感作物的关系，注意作物的敏感时期，严格掌握除草剂用量、浓度与合理用药时间，禁止混杂施用等。美国农药厂商会比较严格地要求农人，以负责任的态度使用农药，只在必要时才喷洒。

有志之士提出"整合管理"，这是指：多元化防治有害生物（杂草、害虫、微生物），维持于可接受的经济危害水准之下，顾及健康与

1　波尔多液（Bordeaux mixture）来自1878年时，霜霉病侵袭法国波尔多葡萄园。波尔多大学植物学教授米亚卢德（Pierre-Marie-Alexis Millardet），实验得知硫酸铜和石灰水的混合液可抑制露菌病，因铜离子能阻止露菌病霉菌孢子的发育。但铜离子会污染河川环境。

生态平衡；有时需因地制宜，例如轮作。这种以管理取代传统"根除"的思维，相当符合可持续农业的精神，但实际成效要视农民是否拥有较高的知识水平与执行力。事实上，大多数农民仍然以生产成本为主要考量，许多有利于落实可持续农业的管理法，若无政策奖励补贴，很难普遍推行。

另一方面，现代高科技也可以帮上农业的忙。例如，地理信息系统与全球卫星定位系统可用于农业经营，利用卫星与远距感测器，监测作物的产量、土壤性质（含水量、酸碱度等）、害虫密度、杂草种群等，提供适时与适量的管理。但这种高科技的运用，属于技术与资本密集的作业，小农、贫农是负担不起的。

农田内外栖息地的杂草，对野生物种其实相当重要。欧洲先进国家鼓励农民于作物周边保留一定比率（5%）面积的"自然区"，好让野草自然生长，供其他物种滋养生息。欧洲也鼓励农地使用间作与带状种植。

1960年代初期，台湾地区农作物开始使用除草剂。目前全台产销除草剂每年约两万吨，常用药剂包括草甘膦、巴拉刈、丁基拉草、2,4-D等约30种。半个世纪下来，一些杂草已经对除草剂产生抗性了，包括菊科杂草野茼蒿（对巴拉刈与草甘膦有抗性）与牛筋草（对草甘膦与多种禾草药剂已产生抗性）。

我们有没有更好的办法，能够兼顾"供应食物"与"保护环境"这两项任务呢？

农业的根本难题

种植与收获时，就会从土中带走一些营养素，需要补充。可持续农业就要尽量少使用非再生资源，例如天然气（用来将大气中的氮转变为合成肥料）或矿石（例如磷酸盐）。

氮的问题好解决，氮有可长期使用的来源，包括：农作物废弃物和家畜与人的粪便、豆类作物如花生或苜蓿与根瘤菌共生而固氮（彩图09），以及能固氮的转基因植物。但是，可持续补充磷、钾等营养物的来源，就不容易寻得了。

现今当红的有机农业，往往需要大量的翻土耕作。可是会伤害土壤的两项重要原因之一，正是过度翻土耕作，导致土壤流失（保育耕作要求，至少三成的作物残株留在土壤表面上）。另一项伤害土壤的重要原因，是不当排水导致盐化。

联合国粮农组织认为"整合有害生物管理"，是要仔细考虑所有可用的防治技术、整合适当的措施、尽量减少对人类健康和环境的风险、"接纳"适量的有害生物量、先用非化学的方式、自然控制（天敌、苏云金芽孢杆菌、线虫）等等。理念甚佳，但对一般农民尤其渴求温饱的贫农来说，恐怕是缘木求鱼。

我们可有什么两全其美的办法，能让农民易于采用、乐于使用，又能够避免破坏环境、伤及生态呢？

注重环保：皮之不存，毛将焉附

环保已是当今的主流思想。不过环保思想在人们心中扎根，也是经历过一番历史的挣扎。

我一直要将地球视为生物，但似乎不可行……它太大、太复杂、有太多零件而看不清连结……但地球若非像个生物，那会像什么？……我忽然想到它最像一个细胞。

——托马斯（Lewis Thomas），美国诗人与医生

在欧洲，工业革命带来环境污染，促进环保运动。19世纪后半、英国的维多利亚时代，兴起"回归自然"运动，反对消费主义、反对污染。

美国哲学家梭罗（Henry Thoreau）在1854年出版名著《瓦尔登湖》，鼓吹在自然环境中简单生活。美国环保先驱缪尔（John Muir），1892年创建美国最重要的环保组织"塞拉俱乐部"（Sierra Club），宣导保育原则与固有的生活于自然中的权利。梭罗与缪尔的这两个信念，成为现代环保主义的基石。

到了1949年，环境伦理的播种者利奥波德（Aldo Leopold）出版《沙郡年记》，指出："一件事要是倾向于保存生物群落的整体性、稳定性与美，便是对的。若它的倾向不是这样，那么它就是错的。"这本书是继《瓦尔登湖》之后最重要的保育著作，堪称是自然写作的经典。

1962年，美国生物学家卡森（Rachel Carson）出版《寂静的春天》，质疑诸如DDT等化学品可能污染生态或致癌。结果引起各界广泛重视环保，推动美国于1970年成立环保署，而在1972年禁止DDT的农业用途。

《寂静的春天》唤醒众多环境意识和社会运动，包括成立环保团体"绿色和平组织"和"地球之友"。与这相关的是，印度抱树运动（Chipko Movement）成立，主张生态为永远的经济。接下来，在1970年3月21日，世界"地球日"诞生。1972年，联合民众类环境会议（又称斯德哥尔摩

美国生物学家卡森。

（图片来源：Wikimedia Common/U. S. Fishand Wildlife Service）

会议）召开，会议后，成立了联合国环境规划署（UNEP）和后续的联合国环境与发展会议（1992年）。此外，1970年代中期，也兴起"回归土地"运动。

环保运动可说是风起云涌，如火如荼地开展了。

亲近自然是人类本性

美国作家伦敦（Jack London）在名著《野性的呼唤》中，描写一只狗："静听森林里幽微的梦语，某些神秘的骚动——那经常呼唤着它回去的声音。有个夜晚，它突然梦醒，从森林里传来的那种呼唤声，无比的清晰明确……那声音来自一匹顽长而瘦削的山狼，挺直坐着，鼻子昂向天空。它感到一阵狂喜，顿悟终于回应那呼唤，在广大原野里，顶着无涯的天空自由奔驰。"

生物为何向往原野呢？亲近自然似乎是与生俱来的本性，有时甚至会想和其他生命有情感上的交流。梭罗感性地表达："人会倾听本性里遥远但恒久真实的回响。自然万象指引我们，生命的逝去乃是另一新生的开始，橡树枯萎凋零，返归尘土，留下丰实种子，预示着未来新生森林茁壮的生命。"

奥地利音乐家舒伯特的名曲《菩提树》，歌词这样铺陈："井旁边有一棵菩提树，我曾在树阴底下做过美梦无数……欢乐和痛苦时候，常常走近这树。"至于田园诗人陶渊明，更传下这样的诗句："采菊东篱下，悠然见南山。山气日夕佳，飞鸟相与还。此中有真意，欲辨已忘言。"

美国哈佛大学教授威尔逊（Edward Wilson），有社会生物学之父、生物多样性之父的尊称，他提出"亲生命性"（biophilia）的说法：

亲生命性是指人类乐于亲近各种生命的天性，也是想要探索生命并和生命产生关联的渴望，这是我们生命发展中很深奥和复杂的程序……我们的存在需要仰赖这种性向，我们的精神领域由此编织而成，我们的希望崛起于其如潮水般的涌动中。

拓荒者与探险者喜欢未知边疆的挑战与磨练，许多人不希望原始风貌全变成驯良；相抗与考验增强身心的敏锐度，若无披荆斩棘，生命中的英雄气质无法绽放。古来，人们习惯于疲惫忧伤时到海边，山中寻求慰藉。万般生态中，岩石与寄生物、树木与雨水等均相融，而人与万物相关联。自然万物一直是人类言谈、思维、故事、神话的要素。

美国哈佛大学教授威尔逊，受尊称为生物多样性之父。
（图片来源：Wikimedia Common/Jim Harrison）

可是一片祥和之中早已暗藏杀机。威尔逊在他的名著《缤纷的生命》与《生物圈的未来》中估计，每年热带雨林的滥垦，导致物种灭绝超过两万种；生物消失的主因是栖息地受到破坏，其次是外来物种与疾病，第三是人类的捕捉利用。

自然不等于道德

大自然不只是充满啁啾的唱歌鸟、嬉戏兔与鹿，现实世界和迪士尼电影《小鹿斑比》不同，大自然也有黑暗的一面，就像人性。菜园里粉蝶飞舞美丽动人，但其幼虫啃食农民辛苦操劳的作物。优雅美丽的燕八哥懒得建立自己的巢或照顾自己的孩子，而在其他鸟类的巢中产卵，往往导致其他雏鸟的死亡。非洲草原上"风吹草低见牛羊"，何等诗情画意，但充斥诸多杀戮。

大自然的呼唤可能是"体验"，但也可能是陷阱。每年，大自然的飓风暴雨与地震，造成无数伤亡悲歌。自然主义者提醒，若非大自然让人惧怕与谦逊，人类很难产生敬畏自然之心。

有人说，非洲大草原上，每天早上有只瞪羚从睡梦中惊醒，它知道在即将面临的这一天，如果想活命，必须跑得比最快的狮子还快。与此同时，草原上也有只狮子醒来，知道如果这天不想饿肚子，就必须跑得比最慢的瞪羚快。

2004年世界地球日时，美国圣地亚哥的主办单位特别强调"欢迎所有物种参加"，这句话听起来"亲爱和谐"，但是禁得起细究吗？百步蛇、艾滋病病毒、SARS病毒呢？猫和老鼠同时参加吗？自然界也有黑暗面，诸如疟蚊让人死伤累累。

生物恐惧症（biophobia）和亲生命性一样也是人类天性。例如，科学家统计得知，人与生俱来厌恶蛇和蝙蝠的遗传率，大约三成。

现代人反对转基因，提出"不自然、扮演上帝、不道德"的感性口号，但是为何生物的"不道德"现象就不足挂齿呢？哈佛生物学家古尔德（Stephen Gould）以自然界的姬蜂（彩图10）行为，显示自然并不等于道德：姬蜂幼虫寄生在鳞翅目幼虫内，母蜂在产卵前会先分泌毒素麻醉宿主，让宿主无法动弹，姬蜂幼虫孵化出来后，便开始分阶段享用宿主，首先是不致命的丰肥体躯和消化器官，这让宿主继续痛苦地活着；最后，姬蜂长得差不多了，才蚕食维生重点的宿主心脏和中央神经系统。

姬蜂的行为让达尔文掷笔三叹："这世界有太多悲惨苦难，为何慈爱又全能的上帝，竟会创造出一大群如姬蜂的生物，摆明就是要凌迟虐待鳞翅目幼虫。"

生物多样性：可持续的基础

自然界中，固然免不了杀戮，可是野生生物多样性的大量减少，却不能归罪给自然；那主要是人类农业的"历史罪孽"。

生物多样性包括物种内的基因多样性、物种间的多样性、生态多样性。现代科学家每年发现许多新的物种，大部分是在生物多样性最丰富的热带森林中发现的，大多数为昆虫，但许多尚未分类。

生物多样性是互相关联的，例如，植物用光合作用制造养料与氧气，维持了地球生物的生命；细菌等微生物，把死亡的生物分解成有机养料，提供植物使用……

生物多样性亦有助于发现新药和药物资源。人类药物的相当数量，直接或间接来自生物：美国市场上的药物，有至少一半来自动植物和微生物，而全球约八成人口的初级保健药物来自大自然。事实上，人类仅探查过一小部分野生物种的医疗潜力。从市场分析和生物多样性科学的证据显示，制药业生产力的下降，可归因于1980年代中期以来，世界制药界推陈出新的能力日渐递减，主因之一是研发重心由生物勘探（bioprospecting）[1]，转向基因组学和合成化学。

此外，生物多样性也一直是仿生学[2]进步的关键因素。

维护生物多样性的重要性，可由下述两个案例来展示：1960年代，水稻草状矮化病毒袭击从印尼到印度的稻田，科学家测试了六千多个品种，在1966年只发现一个印度品种能够抗该病毒，于是科学家将该品种与各地品种杂交，在各地广泛种植。

另外在1970年，咖啡锈病（彩图11）袭击斯里兰卡、巴西、中美洲的咖啡种植园，科学家终于在非洲埃塞俄比亚发现抗病品种。

科学家认为，伤害生物多样性的因素，包括栖息地的破坏和恶化、外来物种入侵、环境污染、人口快速增长等等。前英国政府首席科学顾问金（David King）爵士在英国议会指出，到20世纪，大量的人口增长，比任何其他因素对生物多样性的影响都大。近来发现，全球变暖也是世界生物多样性的主要威胁，譬如美丽珊瑚礁[3]的损伤，是媒体

1　生物勘探指探索生物多样性，以发现潜在有益的新动植物和微生物。但有些人认为生物勘探已成商业和专利为主的剥削。

2　仿生学（bionics）是科学家模仿生物特殊本领的科学，主要是造福民生。1960年由美国医生斯蒂尔（Jack Steele）首先提出。仿生学研究和模拟自然界生物各式的特色，包括结构与功能等，然后应用到人工设计中。

3　台湾中山大学许志宏教授团队提到，从野生型星珊瑚中，发现具有神经安定和抗炎活性的双萜类化合物ExB，因结构复杂而难以人工合成，但是星珊瑚可大量生成。

喜爱的报道。

2012年4月，超过九十国政府在巴拿马成立"生物多样性和生态系统服务政府间科学—政策平台"，简称IPBES，是模仿"政府间气候变化专门委员会"[1]，希望达到像该委员会般的声望与影响力。

"公地悲剧"

但是博弈论告诉我们，如果团体里面有人为了私利而破坏合作，就会发生"公地悲剧"（tragedy of the commons）。

1968年，美国生态学家哈丁（Garrett Hardin）在《科学》期刊发表论文《公地悲剧》，主要的内容是："由最多人数所共享的事物，却只得到最少的照顾。"（如亚里士多德所言）。

哈丁曾举一个寓言故事来说明：每个牧羊人都将自己的羊，放养到公有地上吃草。有一天，其中一个牧羊人想多养一只羊，好为自己增加一些收入，他心想不过就多增加一只羊罢了，对整片草地和其他牧羊人只是九牛一毛而已，不会造成什么损失。可是，一旦大多数牧羊人都这么想的时候，"公地悲剧"就出现了，草地很快变秃，羊群都饿死了，每个牧羊人都蒙受巨大的损失。

后来哈丁进一步补充阐明是"未受规范的公地悲剧"，例如，空气与海鱼等公有资源，会被剥夺或污染，造成共同的损失。哈丁认为应该将公有资源分类与规范。《科学》期刊为该文所下的副标题为"人口增长所带来的问题并没有科学的解决方法，而需要基本的道德

1　IPBES 的英文全名为 Intergovernmental Science-Policy Platform on Biodiversity and Ecosystem Services。政府间气候变化委员会的英文是 Intergovernmental Panel on Climate Change，简称 IPCC，是成立于 1988 年的联合国组织。

延展"。

为了解决气候变迁与全球暖化问题，全球一再召开协商会议与订定合约，诸如，联合国气候变化纲要公约、京都议定书、哥本哈根议定书。但全球100多个国家和地区的多种组织与各式角力，似乎很难对温室气体的排放达成协议。对于公有的环境，利用者远多于爱护者；在可预见的未来，地球将一直暖化。[1]

人类对环境的影响相当大，但如同回力棒（一种掷出后因空气动力学原理而飞回来的用具），势将回头伤到自己。目前，后遗症已经很明显了，包括海平面上升与作物减产。

过客，请善待地球

相较于地球的年龄（45亿岁），人类出现于地球上只是晚近的事，人类该如何与地球共存？贤达者提出三种关于地球未来的假说。

（一）盖亚假说：利于生存

盖亚假说（Gaia hypothesis）是由英国大气学家拉伍洛克（James Lovelock，英国皇家学会会员、曾为美国航空航天局署顾问）在1972

1　2012年，联合国世界气象组织发布年度《温室气体公报》指出，2011年大气中的温室气体浓度创下历史新高。与1750年工业革命开始前相较，2011年的二氧化碳浓度增加40%，相当于在过去260年间，释放了3 750亿吨碳至大气中。将停留在大气中数个世纪，造成全球变暖加剧，冲击地球上所有生命，而"未来的碳排放只会让情况更加恶化"。同时，世界银行授权的报告《扭转升温趋势》（*Turn Down the Heat*）警告，除非对全球变暖采取更多的行动，否则全球温度最快将在2060年上升4℃。地球变暖会造成农作物歉收，地球变暖问题已经影响大豆与玉米生产，若各国放任地球变暖温度上升4℃，粮食安全堪虑。许多国家因为缺水、缺粮，将出现严重动乱。

英国大气学家拉伍洛克，以古希腊女神盖亚（大地之母）命名其对地球生命与环境的假说。
（图片来源：Wikimedia Common/Bruno Comby）

年提出的。简单地说，盖亚假说是指：在生命与环境的共同作用之下，使得地球产生并调节出有益于生命持续生存与发展的环境。拉伍洛克以古希腊女神盖亚（大地之母）命名了这个假说，隐喻"好母亲"孕育生命。

（二）美狄亚假说：不利于生存

美狄亚假说（Medea hypothesis）是由古生物学家沃德（Peter Ward，美国华盛顿大学生物与地球暨太空科学教授）在2009年提出的，用以反对盖亚假说。沃德重新诠释地球的生命与生物圈的关系，他使用新发现的地质记录，包括27亿年前的氧灾难、23亿年前与7亿年前的雪球效应、2亿年前的硫化氢导致的灭绝，而认为生命可能是自己最大的敌人。沃德借用了希腊女神美狄亚的名字，来隐喻"母亲杀了自己的孩子"。

（三）雅努斯假说：利与不利均可能

盖亚假说与美狄亚假说各有千秋，各陈述部分事实；为了周全，也许应改成雅努斯假说（Janus hypothesis）。雅努斯是罗马神话中的双面神，被描绘为具有前后两个面孔，分别看向未来和过去。罗马士兵出征时，都要从雅努斯拱门下穿过。后来欧洲各国的凯旋门形式，都是由此而来。罗马人还将一月（January）献给雅努斯双面神。

要善待孕育生命的地球。
（图片来源：Wikimedia Common/NASA/Apollo 17 crew）

　　上述三种假说或哲思，各自有其优缺，也许关键仍在于"如何可持续"。例如，人类能一直生活在地球上吗？在各种生物的生存竞争下，加上环境压力（气候变暖等），身为地球环境主宰力量之一的人类，还有何招数可用？

第 二 章

绝处逢生——分子生物学来相救

第一章宏观介绍了近代的大环境，可知人类为了生存而"左支右绌"。谁能出手相援？科学能吗？

包括转基因技术的现代科学，是怎么达到今日的成就的？有些人对于微观"切割"研究生物学，也就是称为"还原论"的研究，相当不以为然，因为他们注重宏观"整体"——此观点的源头和生命的"神圣性"有关联。还原与宏观不能"和平共处"吗？反转基因者了解其中的科技吗？

这章就来说明，近年来分子生物学的研发与应用。只要善用其成果，就可为人类带来福祉。

还原论已展现威力

还原论（reductionism）与整体论（holism）是两条截然不同的研究路径。

还原论是指：为了要了解复杂事物，便将它们还原为成分；研究人员在理念上，认为复杂的事物为其成分的总和，因此，综合其成分的解释，即可了解该事物。

与还原论相对的整体论或突生论（emergentism），观点为：事物整体的特性，无法由成分之和来解释，因为整体往往具有突生的特质，例如水分子组成水时，就会突生出湿滑流动的特性，这是单一个水分子所没有的。这正如亚里士多德的名言"整体超过其组成成分的总和"。现今很流行的系统科学，即为非还原观点。

还原论这个研究，已经在20世纪直捣生命的深度奥秘了。20世纪以前的生物学研究，虽然有些已进入微观领域，但总的来说，主要是研究生物个体的组织、器官、细胞等关系。然后，随着沃森（James Watson）和克里克（Francis Crick）揭示DNA分子结构，生物学已正式进入分子生物学世界，从分子层面去研究作为生命活动主要物质基础的生物大分子结构与功能，进而阐明生命现象的本质。

德裔美籍科学家德尔布鲁克（Max Delbruck，1969年诺贝尔生理医学奖得主），是从物理学转向生物学的著名人物，他以物理学为基础来研究生命现象的思想，刺激了奥地利物理学家薛定谔（Erwin Schrodinger，1933年诺贝尔物理奖得主），于1944年出版了影响后世深远的著作《生命是什么？》（*What is Life?*），这本书影响了沃森和克里克等人，不约而同转向研究DNA。

1933年诺贝尔物理奖得主、奥地利物理学家薛定谔，从物理跨向生物，代表作为《生命是什么？》。（图片来源：Wikimedia Common/Daderot）

　　物理学家是还原论的实践者，物理学的成就已经说明，一切物质皆由为数不多的基本粒子，根据相同的规律所组成，这揭示了物质世界的本质。分子生物学则在分子层面，揭示生命活动的本质：生命就是一种物理与化学作用。从分子生物学发展出的遗传工程，让科学家找出基因与运用基因，人工参与物竞天择的过程。

　　分子生物学虽没有找到新的物理原理，但是它统一了非生命科学和生命科学。在这之前，非生命科学的两个主要支柱，物理学和化学，只能和生物学沾上一点边，对生物学中最中心的遗传学，几乎完全使不上力。分子生物学的努力，将物理学和化学成功搬上生物学的殿堂，证明生物学也不过是穿着时髦而已，骨子里头还是一般的物理和化学。所以，分子生物学掀开了生物的面纱，将生物学和物理及化学统一起来。分子生物学将无生物的进化史和生物的进化史联结在一起……生物完全（直接或间接的）依赖无生物世界提供物质及能量，但是这些生理活动都依赖生物体中的信息所指导，这些信息包括DNA序列所代表的遗传信息。

　　　　　　　　　　　　——陈文盛，阳明大学生物医学信息研究所教授

　　自古以来流行西方的生机论（vitalism），认为生命只有来自生命（这是生命的"神圣性"）。但是这个假说在1828年宣告瓦解，因为德国化学家维勒（Friedrich Wohler）第一次从无机物合成出有机物——尿素，推翻了有机物只能从活生物产生出来的观念。接着在1845年，科尔贝（Adolph Kolbe）首度自元素合成出有机物——醋酸。现在，分子生物学家则是从化学物的DNA字母，去合成"生命"。

　　2002年，美国纽约州立大学的威默（Eckard Wimmer）分子遗传学暨微生物学团队，在《科学》期刊发表论文指出：他们在试管中，以生化方法，依照小儿麻痹症病毒的基因序列7 741个碱基，合成出该病毒。它能够如天然正常的病毒般，感染老鼠细胞，也能够

美国纽约州立大学的威默，率先合成小儿麻痹症病毒。

（图片来源：Wikimedia Common/Summer Willow）

成功繁衍。威默团队已将无生命活性的化学物，以化学合成方法，合成了生命。

　　万物均由化学元素组成，我们就是化学物质。现在生命密码DNA指出，生命就是一种化学与物理作用[1]。

如果繁衍的能力是生命的象征，那么，小儿麻痹症病毒只是具备生命周期的化学物 $C_{332652}H_{492388}N_{98245}O_{131196}P_{7501}S_{2340}$。

——威默，分子遗传学家

　　虽说还原论的成就相当可观，但我们也不能过度扩张运用，尤其在面对生态和环境问题时。丹麦皇家药学院的约尔根森（Sven Jorgensen）就认为，生态系统很复杂，一如物理的海森堡测不准原理，生态系统在实验室中难以重现，若不能某种程度地影响或改变系统，就无法测量或观察。

1　虽然德尔布鲁克支持研究还原论，但他推测，就像物理的"光的波与粒子二象性"，最终会发现生命的悖论（paradox）。

基因是什么？

"种瓜得瓜，种豆得豆""龙生龙、凤生凤，老鼠的儿子会打洞"这类俗语，均反映了遗传的观念。现代科学知道携带遗传信息的是基因，基因决定后代是瓜或是豆、决定动物的特性等等。

奥地利人孟德尔（Gregor Mendel）在修道院的菜园里研究，他在1866年发表《植物杂交试验》的论文，提出遗传学的两个基本规律（遗传因子的分离律、因子的自由组合律），生物每一个性状都是通过遗传因子来传递的，遗传因子是独立的遗传单位。

到了1909年，丹麦遗传学家约翰森（Wilhelm Johannsen）提出"基因"的概念，以替代孟德尔假定的"遗传因子"。后来，美国遗传

学家摩尔根（Thomas Morgan）[1]发展了孟德尔以豌豆杂交实验为基础的遗传理论，发现染色体在遗传中的作用：染色体是基因的载体。

遗传学的奠基者，奥地利人孟德尔。
（图片来源：Wikimedia Common）

正如达尔文对物种进化的独到发现，将19世纪的生物学转型为描述性的科学，摩尔根对基因及其在染色体上位置的发现，催化生物学转型成为实验科学。

——坎德尔（Eric Kandel），2000年诺贝尔生理医学奖得主

---

1 中国遗传学家谈家桢，早年曾在美国加州理工学院摩尔根实验室攻读博士学位，回国任教于浙江大学，并将"基因"一词首次带入中文。

美国遗传学家摩尔根，获得1933年诺贝尔生理医学奖。

（图片来源：Wikimedia Common）

1950年代是基因科学的第一个辉煌年代。1952年，赫希-蔡司实验（Hershey-Chase experiment）确认DNA（去氧核糖核酸）为遗传物质。1953年，美国生物学家沃森与英国物理学家克里克，发现DNA的双螺旋结构（是由碱基对、磷酸根及五碳糖所建架起来的双螺旋构造，彩图12），终于让世人初步理解，基因如何能展现出复制、转录、表达、调控等功能[1]。

生物细胞核内，含有特定数目的染色体（人有46个染色体或说23对染色体，果蝇有8个染色体、豌豆有14个、谷类有20个、马铃薯有48个）。染色体这个名称，来自细胞经过适当的染色处理后，在光学显微镜下就可以看到这种丝状体。染色体是由核酸或DNA以及蛋白质组成的。核酸的两种主要形式为DNA与RNA（核糖核酸）。DNA携带遗传信息，细胞可依据DNA的遗传信息，合成RNA；而RNA可控制蛋白质的合成。

1　透过RNA裁剪与蛋白质修饰，一般DNA可对应两种以上的不同蛋白质，且相同的基因可在不同发育阶段或在不同组织而有不同的表现。科学家还发现跳跃基因、重复基因、分离基因、合成基因、重叠基因、可移动基因等，因此可知，基因的表现复杂而难以定义。目前已知基因本身不单独决定特征与行为；生物的特征与行为受遗传组成与环境等复杂交互作用所决定；发育的过程是基因组作用的结果。

揭示DNA分子结构的沃森（左）与克里克（右）。

（图片来源：Wikimedia Common/National Cancer Institute;Marc Lieberman）

　　基因序列中，DNA包括四种碱基（彩图13），分别称为腺嘌呤（简称A）、鸟嘌呤（简称G）、胞嘧啶（简称C）、胸腺嘧啶（简称T）；这四种碱基又分为两组配对：一个嘌呤配一个嘧啶，称为碱基对，分别是A–T（腺嘌呤配对胸腺嘧啶）、C–G（胞嘧啶配对鸟嘌呤）。生物就用这四种碱基，当作生命语言的基本字母，来写出生命之书。而如今，我们正辛苦地解码，想要了解这本生命之书的意义。

　　一个生物内的所有DNA称为基因组（genome），DNA双螺旋形状的结构如弯曲的长梯，梯阶由碱基对组成，内含遗传信息；长梯两侧的骨架为长串的五碳糖与磷酸分子。

　　一个基因，就是DNA长梯中的一段。最短的基因，也要包含数百个碱基对（梯阶）；最长的基因，则可包含超过两百万个碱基对（梯阶）。人体的DNA共有31亿个碱基对，含有两万多个基因。

　　人体400兆个细胞内的基因组，都是一样的，但不同的细胞使用不同的基因来执行该细胞的功能，因此，不同的细胞有不同的表现，这是因为各种蛋白质与DNA结合，而开启或关闭了邻近的基因。生物生长时，细胞会分裂，基因组就复制，复制时可能发生些微错误，导致有益或有害生物体的后果。

基因组测序

基因组测序是指分析特定DNA片段的碱基序列[1]。这种信息的衍生应用，包括：（1）比较基因组学：生物由共同远祖进化而来，可能带有共同的基因，不同生物之间相对应的基因，可能具有类似的功能。科学家比较相关生物的基因组信息，可提供进化与基因功能的线索；（2）基因组序列变异与疾病感受性：序列变异可能造成基因功能的改变，甚至产生疾病；例如，β球蛋白基因序列变异，造成镰状细胞性贫血（彩图14）。

在农业应用方面，例如，人类栽培水稻已超过万年，当今提供世界人口两成的饮食能量，是所有作物中比例最高的。在亚洲，水稻及其副产品是超过20亿人口所需能量的六成多来源。目前，水稻是研究植物基因组功能最重要的单子叶模式植物，因为它的基因组（4亿对碱基）比起玉米（30亿对碱基）、大麦（50亿对碱基）、小麦（160亿对碱基）等其他重要谷类作物小很多。

基于水稻基因组的重要性，国际合作计划于1998年成立，共同进行水稻基因组测序分析，包括日本、中国台湾等十个国家和地区参加，于2004年完成。水稻基因资料库很方便进行突变与遗传分析；而由于水稻基因在染色体上的排列顺序类似其他谷类作物，已知功能的基因便可应用到其他作物的研究，包括找出作物应付细菌攻击的基因、耐

1　方法包括马克萨姆-吉尔伯特（Maxam-Gilbert）化学断裂法、桑格（Sanger）双脱氧键终止法。这三人荣获1980年诺贝尔化学奖。

干旱的基因等。

在医疗应用方面，历时13年的"人类基因组"计划，已在2003年完成，包括确认人类有22 000个基因。为了善用这个庞大资料库，已由14国组成"国际癌症基因组联盟"（ICGC），研究人员经由确认癌症基因，细究造成全球每年出现超过一千万个新病例的疾病，期望能逐步减少人类的痛苦。

生物本来就共用DNA和蛋白质

30多亿年前，地球开始出现生物，后来的生物出自同一源头。你我现在的DNA和基因，有一部分还是30亿年前流传下来的。人类的DNA序列和黑猩猩的差异度只有1%。（但为何500万年前分开进化的人与黑猩猩，长得很不像？因为大多数重要的进化改变，发生在控制基因开启和关闭的DNA片段，因此一个微小的遗传变化，就可能造成重大的影响，例如改变了基因表现的时机。大自然可借由调控相同的基因，以不同的方式运作，而发展出两种很不同的生物。）和父母亲的基因组比较，你我的基因组大约有100个突变。

人类有200种细胞，均来自单一细胞（受精卵）。人类基因数目是大肠杆菌的10倍、果蝇的2倍、约与玉米相近。我们的基因组和老鼠很相似；人和其他生物的相似性，让我们更体会生命的统一性，毕竟生物来自同一源头。

不论何种生物的细胞，均是胶状长分子的聚合，大部分为蛋白质。细胞都具有共通处，例如，分裂时均复制DNA——大肠杆菌大约在20分钟完成复制，人类则需8小时（因为人类的复制数目约为大肠杆菌的千倍）。

　　各种生物基因的运作规则都一样：都是由基因转录成RNA，再转译成蛋白质。制造蛋白质的过程也相似，蛋白质的结构域（domain）也相近——当我们比较细菌、植物、人类，蛋白质的结构域不论在序列或结构上，均很类似。不同生物的蛋白质的相似性，反映出生物细胞执行了许多相同的反应，而且显示生物之间的进化关系。

　　生物内的转录和转译规则均相同，因此，细菌的基因经过适宜的转换，便可在植物中运作，也可制造出相同的蛋白质。这便是转基因技术的基础所在。

　　诺贝尔生理医学奖1965年得主雅各布指出，生物均由差不多同样的分子组成，从人类到酵母均具有类似分子，执行共同的功能（细胞分裂、传递信息等），但是因为控制基因运作调节的差异，就出现了这么多不同的外形。因此我们说，人类和豌豆（鱼和番茄等）的差异主要并非在于基因，而在于基因如何、何时、何地运作和布局蛋白质。鱼类与哺乳类的外观差异大，是因为几个调节基因系统上有差异，这些调节基因就是决定在何时、以何种基因开始运作的指挥者[1]。生物个体很不同，但胚胎发育时，主导基因很类似，就是这样，透过基因的复杂调控，才得以产生复杂的生物。

1　例如，科学家可改变眼睛生长部位的基因，而让果蝇在脚上长出眼睛，此基因促使制造眼睛相关的基因在指定的部位工作，让眼睛在那里长出来；老鼠体内控制眼睛生长部位的基因，和果蝇的非常类似；将果蝇的基因剃除后，把老鼠的这个基因转殖到果蝇体内，就可有相同的功能。老鼠和果蝇分开进化已超过5亿年，各自的眼睛在结构与光学上均不同，两个谱系各自发展出适合其目的的眼睛，但是决定眼睛位置的基因机制不需要改良，因此，几亿年下来仍维持不变。后基因组时代，出现两个科学新领域，一是蛋白质组学，研究基因编码的蛋白质；二是转录组学，研究基因表现的位置与时间（哪些基因在转录上是活跃的）。

法国分子生物学家、1965年诺贝尔生理医学奖得
主雅各布（Francois Jacob）。
（图片来源：Wikimedia Common）

　　就像表达同一意思的一个字，可用在许多文章中，基因为一段信息，而可用在许多不同
的生物体内。所有的生物互相关联，分享相同的基础遗传系统，因此，一个生物的基因也可
在另一生物体内发挥功能。你可将鱼的一个基因放在水果内，或相反的，将水果的一个基因
放在鱼内。鱼的基因只是片段的信息，并没有贴着标签，写着"我来自鱼"。

——摩西（Vivian Moses），英国伦敦国王学院生物技术教授

没有所谓"番茄基因"或"细菌基因"

　　形成基因的方法包括"分子拼凑"（DNA片段的复制或整个基因
的复制）、排列组合已有的片段（马赛克般的基因）。整个生物世界就
像个巨大的积木，可一块块拆下，再以不同方式组合，产生不同的外
形。例如，控制细胞分裂的基因组，在酵母菌和人类中相同；控制动
物脊椎前后轴的细胞功能，在人类和苍蝇的基因相同。

　　几亿年来的进化过程中，生物保存了功能和结构；有些基因和蛋
白质经过复制，出现小差异，能执行新的功能。新物种或新现象，往

往来自旧的基本单位出现全新的组合方式；大自然的复杂度，是由少数的基本单位组成的。

看上去并不相关的生物之间，转基因之所以可行，正是因为所有活的生物都有相同的DNA编码、相同的蛋白质合成、相同的许多基本生命机能。因此，表面上看起来也许很不相同的生物，实际上非常相似，至少在分子层面而言非常相似。对所有生物而言，相似性大于相异性，这也是看似完全不同的生物之间，能够转基因的原因之一。

基因并不独属于它的生物来源。因此，并没有所谓的"番茄基因"或"细菌基因"；无论番茄还是细菌，它们都是由基因组合作而不是由单个基因构成的。大部分品种只是因为有很小比例的基因不同而相异，即使番茄和细菌，尺度差异这么大，也都拥有很多共同的基因——因为番茄和细菌曾经有过共同的祖先。

基因的改变是进化的基础

构成生命的各种分子，包括RNA、DNA、蛋白质与醣体等，将这些分子的碱基序列、氨基酸序列测序的工作，分别诞生了基因组学、蛋白质组学（proteomics）、醣体学（glycomics）。基因组学可建立与传统分类学大致符合的系统发生树，例如前面提过的，人类的DNA序列与黑猩猩的差异约为1%。蛋白质组学也支持生物具有共同祖先的观点，因为许多生命所需的蛋白质，例如核糖体、DNA聚合酶、RNA聚合酶等，不但出现在较原始的细菌内，也出现在复杂的哺乳类体内。这些蛋白质的核心部分，在不同生物中保有相似的构造与功能，而较复杂的生物具有较多的蛋白质次单位，以调控更复杂的蛋白质交互作用。

　　人类基因组计划显示，所有的生物均因共同的传承而互有关系，这是分子相似性的来源，诸如有利的突变等的成功进化，就会代代相传，并且随着生命的多样化而出现在大量的物种中。

　　例如，酵母的蛋白质约有46%也出现在人类体内。在时序上，酵母（真菌类）谱系和后来造成人类的谱系，约在10亿年前分开；亦即，酵母与人类的共祖开始分化，已经历10亿年的进化，在此期间，存在于共祖中的那组蛋白质只有些微改变。

　　生物学家发现：一旦进化解决了一个特殊问题（例如，设计出一种酶催化某生化反应），就会一直沿用相同的解决方法；这种所谓的进化"惰性"，另有一个例子是RNA主导细胞作用（生命始于RNA，而且RNA一直存留至今）；进化"惰性"也存在于更细微的生化层面，例如，蠕虫蛋白质有43%和人类蛋白质的序列相似，果蝇蛋白质有61%相似，河豚蛋白质则是75%。

　　比较不同生物的基因组，可得出蛋白质的进化过程。从人类蛋白质中辨识出来的结构，约有九成也见于果蝇和蠕虫的蛋白质，因此，人类特有的蛋白质可能只是果蝇的蛋白质重新排列的结果。生物体之间基本的生化相似性，反映于拯救实验（rescue experiment），亦即，当某一物种的某蛋白质失效时，可拿其他物种的相对应蛋白质来"拯救"。譬如，人类与牛的胰岛素实验显示，人类与牛的胰岛素非常相似，我们的糖尿病患者无法制造胰岛素，就可拿牛的胰岛素当替代品。

　　美国加州"DNA植物科技公司"在1990年代研发将鱼基因放入番茄中，而引发诸多抗议。例如，2002年在加拿大多伦多商店民众示威，甚至穿鱼与番茄形状的衣服，招来媒体注意。但其实该研发并未商品化，社会只是捕风捉影。

　　该基因来自北极比目鱼，可保护鱼生存于冰冷的水中。其实许多生物均具有抗冷基因，例如甲虫、冬裸麦、胡萝卜、龙葵等，所产生蛋白质的保护方式基本上一样，但有效度各异。

由于转录和转译DNA的规则适用于所有生物，不管鱼或甲虫或番茄中的基因表现的氨基酸系列，则均一样。来自鱼的基因并不会让番茄变得具有"鱼腥味"。

——费多罗夫（Nina Fedoroff），美国国家科学院院士

2000年，科学界完成拟南芥（Arabidopsis thaliana，彩图15）测序。拟南芥的基因组是植物界里最小的，但具高度重复性，只有不到一半的基因是唯一的，其余的皆可在其他植物体内找到孪生基因。拟南芥基因组提供了如何创造一个植物的信息，一旦了解一个特定基因如何在这个小草中运作，就能应用到其他植物身上。

至于应用到动物方面，由于植物和动物拥有共同的远祖（16亿年前的单细胞），比较拟南芥的基因组和动物的基因组，便可以了解这个进化的大分水岭是如何形成的。拟南芥中的一些基因和动物的相似，因此可以用来解释它们在人体中的功用，例如人类的遗传疾病"威尔逊氏病"（Wilson's Disease，患者体内会累积铜而导致脑损伤），造成此病症的突变基因，功能仍然不明；但是拟南芥的一个相似基因的产物，负责接受激素，这开启了科学家对抗"威尔逊氏病"的一条新路。

又如，人类基因组的调控基因的位置，可以参考河豚的基因组，因为和人类相比，河豚具有几乎相同的基因和调控基因序列，但非编码DNA只有人类的1/8。如此较为简洁的DNA序列，就较容易定位其调控基因。

转基因的时代背景

生物科技的进步，让科学家可在分子层面尝试改变生物组织，而更具意义的，当属应用于解决当时的需求，包括农产与医疗、环境污

染问题等。

在农业方面，因为大量使用农药，生态已受到损害，而且可能透过食物链影响人类。因此，科学家研发出分解快速而不会残留在环境里的有机磷杀虫剂（例如巴拉松）。不幸的是，其毒性比DDT更强。于是科学家转而研发天然杀虫剂，从菊花中提出除虫菊素，但几年后，具备抗性的昆虫冒出头来，只好停用。更微妙的是，除虫菊素虽然是天然的物质，但似乎也会伤到人，有些的毒性还很强。

另一方面，就算农药不伤人，农民也深为厉害的对手所苦。例如玉米螟虫深藏在玉米茎秆内，传统喷药只保护到外表的茎叶，无力深入根部和作物内部组织。

有什么比（从外部）喷洒农药更好的方法呢？美国农业部的科学家尝试使用害虫的天敌，例如，会攻击棉铃虫的核型多角体病毒（polyhedral virus），但实际上不可行。因为病毒也许可以去除有害动物又不会伤到植物，但是人也是动物，一些益虫也是，所以散播病毒的方法并不可行。

爱尔兰马铃薯遭受晚疫病[1]袭击，甚至造成爱尔兰大饥荒（1845年）；意大利著名美味圣马札诺（San marzano）番茄，被番茄嵌纹病毒摧残殆尽。香蕉叶斑病来自霉菌，使得香蕉减产过半，半世纪前发现于斐济，现已传播到全球，像乌干达等以香蕉为主要作物的国家，已造成对食品安全的威胁[2]。美国宾州果园被李痘病毒困扰、加州啤梨发

---

[1] 2009年，国际团队已将马铃薯晚疫病的病原基因组解码；2012年已经研发成功其抗病转基因品种，而欧盟已在7月核准爱尔兰从事田间试验。

[2] 多年来，叶斑病霉菌已因喷洒杀菌剂而产生抗性。也许长期努力后可经育种产生新品种，足以抗该霉菌，但当前似乎以转基因为解决之道。

生枯萎病等疫情，均深深困扰农业科学家。

还有，水稻胡麻叶枯病流行而造成孟加拉饥荒（1943年）。中国大陆遭遇小麦的黄花叶病毒、赤霉病、白粉病等问题。在台湾地区，海芋和青花菜易生软腐病、水稻遭遇白叶枯病、番茄遭遇青枯病与软腐病等[1]，真是族繁不及备载。

气候相关因素也困扰各国，也许最严重的是，非洲撒哈拉沙漠以南是个农业生产发展跟不上需求增加的地区，这里土质最贫瘠、资源最枯竭，灌溉农田只有4%，大面积农田面临沙漠化。但在另一方面，有些地方过度潮湿、高温、病虫害猖獗；这些环境因素往往是导致粮食严重歉收、供应短缺等饥荒的原因（内战等政治社会因素也造成粮食短缺）。这些地方最需要的作物特性是能够更适应环境的，例如抗干旱、耐高温、耐盐性土质，更要能抵抗病虫害。

玉米为非洲最广泛种植的主粮，而超过300万的农民常因缺水灌溉而导致贫穷与饥荒。近来的气候变迁更恶化了干旱问题；并且，干旱时的虫害抢粮，让收获更差。

在医疗方面，许多疾病仍让人束手无策，而来自基因异常的病症，千百年来更是折腾了不少人，甚至造成家破人亡。例如亨廷顿舞蹈症（Huntington's disease，1872年由美国医学家亨廷顿发现）是一种遗传性神经退化疾病，起因于第四对染色体异常，病发时会无法控制四肢，就像手舞足蹈一样，并伴随着智能减退，最后因吞咽、呼吸困难等原因而死亡。

---

1 "中研院"植物暨微生物研究所研究员冯腾永带领的团队，利用基因改造科技，导入可促进植物过敏反应的植物硫铁蛋白基因，造成转基因植物对植物病害具抗性。

亨廷顿舞蹈症为显性遗传，只要父母其中一方罹患，子女就有一半的几率得病。患者制造出的亨廷顿蛋白，比一般人多出许多重复的麸酰胺酸，此异常的蛋白容易聚集，最终导致神经死亡。首当其冲的是患者的基底核（前脑的一部分，是一群位在新皮质下方的神经元簇，与作选择、注意力、报偿等反应有关），使得全身肌肉不受控制地抽动。到了疾病的晚期，连负责下达指令的大脑皮质也会逐渐死亡。亨廷顿症目前无法治愈，仅能靠药物减轻忧郁症和四肢抽动的症状，病情只会不断恶化，对于患者本身与患者的亲属都是非常煎熬的过程。

其他的遗传疾病包括血友病、肌肉萎缩症、镰状细胞性贫血、杜兴氏肌肉萎缩症、唐氏症候群、纤维囊泡症、综合型免疫缺乏症等，非常多种。这些自然缺陷往往造成亲人极大的痛苦；虽然有些已经找出致病的基因，例如1983年，美国遗传学家居塞拉（Jim Gusella）找出亨廷顿舞蹈症的基因；但在治疗方面，人类仍在尝试错误中。有朝一日，"基因疗法"也许有希望[1]。

转基因是什么？

人类农耕能力的进步，才是科学技术上最大的跃进，因为可以耕种的都是已经改良过品种的植物。亚当·斯密曾说，"工业化是农业的子孙"……很多现在的食物，品种经过不断改良，甚至可以说是人类创造的。例如，胡萝卜原本是白色和紫色的；今天大家

---

1 第一个成功的基因疗法个案，是1990年美国国家卫生研究院的杰作，治疗对象是腺苷脱氨酶缺乏症，患者的免疫系统缺乏一种酶而丧失功能，难以抵抗疾病。治疗方法是以遗传工程制造安全的反转录病毒，成为适宜的基因载体，将健康的基因送入细胞内，取代错误的基因。2012年9月，英国考虑修订生育治疗相关法律，允许因妻子粒线体DNA有缺陷而可能生出缺陷儿的夫妻，借着使用其他女性的DNA来改造后代基因。此项技术可让后代脱离遗传疾病阴影，媒体称此为"转基因婴儿"。

吃到的橙色胡萝卜，是荷兰人在16世纪为了讨好英国国王William of Orange（威廉一世）进贡，而创先成功培育的。

——张安平，嘉新水泥董事长，《食物与人的奇幻旅程》

　　人类在一万年前开始农耕，一直和杂草、昆虫对抗，至于细菌与病毒等微生物更是麻烦。人类实验杂交不同作物，冀望获得更佳品种，但是育种者需等到子代植物长大、结实，方知子代是否遗传到想要的特性；由于植物生长期久，获得理想特性的几率不高，因此育种者往往需要长时间的尝试与失败后，才会获得成果。育种者发现可以使用游离辐射（例如，伽马射线）的处理，增进突变的速率，再从突变株中挑选我们想要的性状。化学突变剂也经常使用。不过这样的突变都是随机的，无法掌握突变的方向，无法预期性状。但利用这些突变做法而获得特别特性的作物，由来已久，在1970年代还相当流行，例如获得耐杀草剂小麦等。

　　1953年发现DNA结构以后，科学家很快就认识到，他们能够将承载特定信息的DNA片段（基因），转移到其他生物上。科学家发展出"DNA重组"（或称基因工程、遗传工程）[1]技术，包括将不同的DNA接合、将重组DNA转移进入寄主细胞、运用寄主细胞大量制造重组DNA、辨识带有重组DNA的寄主细胞。可以说，自古以来，大家均在从事转基因的工作，以改变生物，但是现代的转基因使用基因接合技术，它让转基因技术提升到明确精准的层面，且缩短了改进的时程，

---

1 基因工程（genetic engineering）概念，首度由美国著名科幻小说家威廉森（Jack Williamson）于1951年的科幻小说《龙岛》（*Dragon's Island*）提出。在欧洲，基因改造（genetic modification）和基因工程（genetic engineering）同义，但在美国，基因改造也包括传统的育种方法。科学界较常用更具体的"转基因"（transgenic）这个术语。

也克服了物种之间不相容的障碍。

基因改造技术速写

转基因作业包括四个步骤：

（1）取得符合人们要求的DNA片段，这种DNA片段称为"目标基因"；

（2）构建基因的表达载体；

（3）将目标基因导入受体细胞；

（4）目标基因的检测与鉴定。

要把目标基因从供体DNA长链上准确地剪切下来，可不是一件容易的事。1968年，瑞士生物学家亚伯（Werner Arbor）、美国生物学家那森斯（Daniel Nathan's）与史密斯（Hamilton Smith）[1]第一次从大肠杆菌中提取出了限制性内切酶，它能够在DNA上寻找特定的"切点"，认准后将DNA分子的双链交错地切断。人们把这种限制性内切酶称为"分子剪刀"。

这种分子剪刀可以完整切下个别基因。自1970年代以来，分子生物学家已经找到400多种分子剪刀。有了形形色色的分子剪刀，人们就可以随心所欲进行DNA分子长链的切割了。

DNA的分子链被切开后，还得缝接起来，以完成基因的拼接。1967年，科学家在五个实验室里，几乎同时发现并提取出一种酶，这种酶可以将两个DNA片段连接起来，修复好DNA链的断裂口。1974年以后，科学界正式肯定这一发现，并把这种酶叫做DNA连接酶。从

1　三人于1978年共同获得诺贝尔生理医学奖。

此，DNA连接酶就成了名副其实的"缝合"基因的"分子针线"。只要在用同一种分子剪刀剪切的两个DNA碎片中，加上分子针线，就会把两个DNA片段重新连接起来。

把拼接好的DNA分子运送到受体细胞中去，必须寻找一种分子小、能自由进出细胞，而且在装载了外来的DNA片段后，仍能照样复制的运载体。理想的运载体是质体。

质体是细菌主要染色体以外的另一小段DNA，有些为圆圈状，有些呈线状，能自行独立复制，并游走于不同的细菌之间。

质体也具有独立复制序列的能力。由于质体能自由进出细菌细胞，分子生物学家就用分子剪刀把它切开，再给它安装一段外来的DNA片段，之后它仍然能够自我复制。这种方法适用于植物细胞的基因工程。

至于其他的目标物，譬如要将目标基因导入动物细胞，可选用显微注射法；若要导入微生物细胞，可以使用钙离子（如氯化钙）处理细胞，使其可以吸收外界的DNA分子。

目标基因导入受体细胞后，是否可以稳定维持和表达遗传特性，只有通过检测与鉴定才能知道，这是检测基因工程是否成功的关键。首先，要检测转基因生物染色体的DNA上，是否插入了目标基因，做法是采用DNA分子杂交技术：在含有目标基因的DNA片段上，用放射性同位素做标记，以此作为探针；再使探针与转基因生物的基因组DNA杂交，如果显示出杂交带，就表明目标基因已经插入染色体DNA中。这种方法称为"南方墨点法"（Southern blot）。

其次，还需要检测目标基因是否转录出了转运RNA（这是DNA转录作用的产物。转运RNA所携带的遗传信息，可转译为氨基酸的序

南方墨点法是由英国生物学家萨瑟恩（Edwin Southern）发明的，但英文的southern意指南方，因此中译就用"南方"。其后发展出类似的北方墨点法和西方墨点法，则为科学界幽默命名，并非依发明者之姓氏而命名。

（图片来源：Wikimedia Common/Jane Gitschier）

列，以组成特定的蛋白质）。检测方法同样是分子杂交技术，与上述方法不同的是，须从转基因生物中找出转运RNA，加上标记以检测，这称为"北方墨点法"（Northern blot）。

最后，检测目标基因是否转译成蛋白质，做法是从转基因生物中找出蛋白质，用相应的抗体进行抗原——抗体杂交，若有杂交带出现，就代表目标基因已经形成蛋白质产品了。这称为"西方墨点法"（Western blot）。

转基因的首批成果

1972年，美国斯坦福大学教授伯格（Paul Berg）创造了第一个重组DNA分子结合（两种病毒DNA的结合）。1973年，美国加州大学教授波耶尔（Herbert Boyer）和生化学家科恩（Stanley Cohen，1986年诺贝尔生理医学奖得主）共同首度将生物基因分离出来，并转移至单细胞细菌，细菌显现出这个基因并制造出蛋白质，他们的这项发现导致对生物技术的首次直接应用：人工合成治疗糖尿病的胰岛素，成为现代生物技术的开端。

现代生物技术开山祖师之一的美国加州大学
教授波耶尔。

（图片来源：Wikimedia Common/Jane Gitschier）

　　1974年，美国德裔生物学家
耶尼施（Rudolf Jaenisch），将外
源DNA导入小鼠胚胎，成为世界
上第一个转基因动物。所谓外源，
是指用的是其他物种的基因；相对的，用的若是同一种生物的基因，
就叫同源转基因。

　　1976年，波耶尔和创投家斯旺森（Robert Swanson）创建基因泰
克（Genetic）公司，成为全球第一家基因工程公司。次年，该公司以
大肠杆菌生产出人类蛋白质（生长素抑制因子）。1978年，该公司又生
产出基因工程人体胰岛素。

美国生物学家耶尼施，制造世界
上第一个转基因动物（小鼠）。
（图片来源：Wikimedia Common/
Whitehead Institute）

以基因工程来改造植物，始于1970年代末期。美国生物学家齐尔顿（Mary-Dell Chilton）和她的同事，使用附着在植物上的农杆菌，将其一部分DNA转移到植物上，成为植物DNA的一部分，植物细胞接受了这个基因，便开始以自身基因的形式表现出来。到了1986年，首度的基因工程植物田间试验，于法国和美国田间进行，内容为抗除草剂的烟草。1992年，中国成为第一个商业化转基因植物的国家，对象则是抗病毒的烟草。

1994年，转基因作物首度上市了——产品是美国卡尔京（Calgene）公司的"佳味"（FLAVR SAVR，彩图16）番茄。同一年，欧洲第一个转基因作物商业化，为耐除草剂的烟草。隔年，美国首度批准可产生抗除草剂的作物：苏云金芽孢杆菌马铃薯。

至于转基因微生物，率先成功的是小牛胃的凝乳酶基因被选殖于微生物（大肠杆菌）体内。1988年，美国食品药物管理局（FDA）核准上市，成为第一个应用于食品制造的转基因产品，使得九成以上的奶酪制造，使用了转基因微生物所产生的凝乳酶（食品用酶）。

转基因结果可分为三类。第一类属于增加法：这是为了改变植物的表现性状，而从某一物种找出特定基因，将它殖入另一植物的基因组内，例如将耐除草剂的基因殖入大豆，使大豆能够耐除草剂。目前已经可以将细菌、病毒、昆虫、动物甚至人类的基因，引入植物体内，制造出转基因作物或药剂。例如，利用酵母菌制造人类黄体素，以大量生产避孕药。

第二类属于减少法：移除特定的植物基因，使植物丧失某些原有的性质与功能。例如，减少番茄内催熟基因的数量，可减缓番茄组织的成熟软化，以延迟番茄的成熟期，便于运输与保存。[1]

第三类属于调节法：例如，调节油菜籽种子中的基因，以降低油菜籽植物油脂的饱和脂肪酸含量。

如何进行植物的转基因

将基因转移到植物细胞核内的方法，有生物和物理两种方法，生物方法常用农杆菌[2]，它感染植物时，会自行剪下一小段特定基因，嵌入植物DNA内；因此，转基因方式就是先将目标基因嵌入该段特定基因，让农杆菌感染植物细胞，就会将目标基因殖入该植物的基因组内。物理方法常用基因枪，将基因射入植物细胞内部。

生物方法的执行细节是：以限制酶切开环状农杆菌质体，和目标基因放一起，加入连接酶将两者连接在一起；其次，让农杆菌快速分裂，有些质体来不及跟着分裂，就造成无质体的农杆菌。接着，在无

1　将控制果实软化的聚半糖醛酶活性降低九成多，以延迟果实的软化，则可等果实的成熟度较高时再采收。此时果实的品质较佳，而且质地较坚实，可减少采收、运输、加工处理过程中的碰伤变质。另外，将"反义"（antisense）基因导入番茄植物细胞内，阻碍制造乙烯的基因功能，让它不能生产乙烯。乙烯是一种植物所产生的微量气体，作用是对果实成熟的调节。转基因番茄不能自行制造乙烯，唯有将它暴露于人工施加的乙烯中，这些转基因番茄才会开始成熟，所以番茄的成熟期便可以有效地调节。

2　农杆菌体内有两类遗传物质：（1）染色体，主要负责控制农杆菌本身的遗传机制；（2）质体，与引起植物病征有关，在农杆肿瘤菌中称这种质体为Ti（诱发肿瘤，Tumor inducing）质体，而在农杆根群菌中则称为Ri（诱发根，Root inducing）质体。农杆菌感染植物（主要是双子叶植物）后，Ti及Ri质体上面有一段DNA会转移至植物细胞内，并殖入植物细胞染色体中，则这段DNA所控制的性状就会在植物上表现出来，这段会移动的DNA称为转移DNA。可利用农杆菌这种特性，将Ti质体上的转移DNA改造并加上外源基因（例如耐除草剂基因），再将外源基因嵌入植物内，使植物原来没有的特殊性状表现出来。1970年代，比利时法兰德斯生物技术研究所（Vlaams Instituut voor Biotechnologie）的谢尔（Jeff Schell）和蒙塔古（Marc Van Montagu）即已成功发展出土壤农杆菌转基因系统，这套系统目前已经广泛应用，谢尔因而被欧洲学术界尊称为"植物分子生物学之父"。

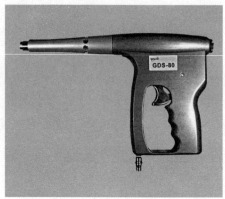

基因枪（图片来源：Wikimedia Common/xmort；生物镓科技公司）

质体的农杆菌中混入带有目标基因的质体，让质体自然进入农杆菌内，使得这些农杆菌细胞中的每个质体均带目标基因，再让含改造质体的农杆菌去感染植物细胞，改造质体中的目标基因就可嵌入植物DNA中。接下来，再以被感染的部分进行组织培养，长成一棵完整的植物。只要一开始感染成功，这棵植物的每个细胞就都会含有目标基因。

　　有少数植物无法用农杆菌操作，便须依赖基因枪，其原理为让微小金属粒子表面吸附改造过的农杆菌质体，使用高压氦气将金属粒子射进植物细胞内，让农杆菌质体穿过细胞壁、直接进入细胞核内，嵌入植物DNA上。

　　转移后，无法从外表得知哪些细胞的DNA已顺利嵌入目标基因，因此要筛选。方法是在制作目标基因时，就使用标记基因（marker gene），和目标基因接起来，一起送入细胞内。标记基因会让细胞合成特殊蛋白质，以抵抗某种特殊药物，因此，施加此药物于全部转基因细胞，没有获得标记基因（亦即没有获得目标基因）的细胞会死亡，剩下顺利嵌入目标基因的细胞存活。

　　例如，在烟草方面，将它剪成一片约1平方厘米，浸在改造质体的农杆菌溶液中，农杆菌感染后，会将目标基因插入植物染色体中——这些烟草染色体一定会有目标基因插入，但不确定是插入哪条染色体内。经过组织培养后，烟草叶长出愈合组织、发芽、长根、长成完整的个体，平均每一叶片会长成一棵烟草（有的长不出、有的长成两三棵）。

如何进行家畜的转基因

　　目前引入外源基因至家畜染色体，以造成转基因家畜的方法主要有五种：

　　（1）基因显微注射法：成功的案例已在1980年代提出，迄今仍广泛使用来产制转基因动物，且证实能有效且稳定地获得转基因动物。

　　（2）反转录病毒感染法：因反转录病毒具有感染宿主细胞、而将DNA嵌入细胞染色体DNA中的能力。当反转录病毒侵入细胞后，反转录病毒的单股RNA链即反转录为双股的DNA，进而嵌入基因组DNA中，成为前驱病毒，前驱病毒可以整合到宿主染色体中任意位置。将选殖的基因，嵌入一适当的反转录病毒载体，即可达到转基因的目的。

　　（3）胚胎干细胞载体法：胚胎干细胞注入早期囊胚腔后，可与宿主内细胞群嵌合，并参与宿主细胞的分化，发育成胚体的各部组织。如果注入的胚胎干细胞能够成功地参与性腺分化，就可成为生殖细胞系的成员，源自胚胎干细胞的遗传物质，就可传承至后代的全部组织。

　　（4）精子载体法：此法可免用复杂昂贵的显微操作设备。

　　（5）体细胞核转置法：英国科学家威尔穆特（Ian Wilmut）利用已分化成年绵羊的乳腺上皮细胞为供核源，成功产制世界第一头体细胞核转基因绵羊。这说明了分化后的细胞核可透过处理，重新被调控至分化前的状态。威尔穆特以当时著名女歌手多利（Dolly Parton）来命名这只复制羊，称为多利羊，名噪一时。

　　研究转基因家畜禽，有五个主要目的。第一，提高农业生产效率，包括改善家畜禽生产性能（生长速率、饲料效率、屠体成分等）、增强家畜禽对疾病的抵抗力；第二，家畜禽可被当作生产人类所需医药蛋白的生物工厂，产品包括疫苗、治疗人类先天遗传疾病的医药蛋白等；第三，家畜的器官移植给人类的可行性研究；第四，家畜体型、寿命与生理上与人类较接近，适合作为研究人类遗传疾病的理想模式；第五，改变家畜的乳汁成分，包括增加酪蛋白的产量与提高乳汁的热安定性等等。这五个目的，都是为了造福人类的健康、改善农业生产效益。

　　传统治疗药物，大多是由微生物或有机化学所合成的小分子药物，如抗生素、止痛剂、荷尔蒙或其他化学药物。以前生物技术药品大多是由大肠杆菌、酵母菌，或是哺乳动物细胞来培养，制造成本相当高。自从第一个以基因工程技术产生的重组人类胰岛素于1982年上市以来，已经有数种生物技术医药品获得美国或欧盟核准上市，包括抗凝血剂、造血生长因子、干扰素[1]、白细胞介素[2]、疫苗、单克隆抗体[3]、其他基因重

1　干扰素（interferon）是动物细胞在受到某些病毒感染后，分泌具有抗病毒功能的宿主特异性蛋白质。细胞感染病毒后分泌的干扰素，能够与周围未感染的细胞上的相关受体作用，促使这些细胞合成抗病毒蛋白，防止进一步的感染，从而启动抗病毒的作用。但是干扰素对于已被感染的细胞没有帮助。
2　白细胞介素（interleukin）为细胞激素，经由免疫细胞制造，可调节免疫细胞与体细胞的协同作用。免疫系统的功能，在很大程度上依赖白细胞介素。一些罕见的白细胞介素缺陷，常会导致自身免疫性疾病或免疫缺陷。
3　单克隆抗体（monoclonal antibody）是仅由一种类型的细胞制造出来的抗体。单株抗体是由可制造这种抗体的免疫细胞与癌细胞融合后的细胞所产生的，具有癌细胞不断分裂的能力，又具有免疫细胞能产生抗体的能力。

组产品等。

例如，以人类第九凝血因子的每年全球市场需求量4公斤为例，只要饲养15头转基因猪（乳汁中可表现人类第九凝血因子，表现量为每毫升1毫克），即可满足每年全球市场需求。

为了生产高价位的转基因重组蛋白质，乳腺成为转基因家畜禽研究者的主要目标组织，因为乳腺在生理上较具独立性——当外源基因在乳腺表现时，大部分随乳汁排出，对动物正常生理的影响可降至最低。此外，自乳汁中回收基因产物亦较为简便。因此，乳腺专一表现的转基因，成为借由转基因家畜生产医药蛋白的热门研究主题，其中包括牛、绵羊、山羊、猪等大型家畜。经转基因动物量产的医药蛋白种类，已超过40种，过去的研究大多集中于人类凝血因子上。

另外，某些微生物拥有分解纤维的功能，这可以运用在造纸工业或织布的纤维处理上，亦可作为畜牧饲料的添加物，促进牲畜的纤维分解能力与吸收，还可以充作生物肥料，促进耕地残留纤维分解，以利作物生长。

老祖宗早就在从事"转基因"大业

种质（germplasm）为种子内的基本遗传信息，会影响植物的成长和发展。例如，不同品种番茄的种质，可能会有不同的抗病虫害能力、耐干旱能力、颜色、大小、产量差异，以及许多其他的不同性状。

自古以来，人们就常筛选种植"想要的"作物，而去除"不喜欢"的作物。我们的祖先让不同的动植物杂交，不懂基因就"随便地"混合千百种基因，产生各种变异品种。例如，将早期的单粒小麦和一种山羊草杂交后，产生双粒小麦；今天的面包小麦就是双粒小麦和另一种山羊草杂交的结果。

因此，现代小麦是一连串杂交后的产物，其他作物亦然，都有转基因之实，只是没贴上"转基因"的标签而已。事实上，这些作为均是被人类利益所操纵，就如达尔文所说："人类驯化物种并非为动植物本身的好处着想，而是为人类使用之需或幻想。"

容我冒昧，查理王子，殿下在1998年说过一句名言："转基因使人类进入上帝专属的领域。"其实我们的祖先老早就已经踏入这个领域，几乎所有人类的食物都不能算是"自然"的。

——诺贝尔生理医学奖得主沃森，评述英国王储反对转基因

上述杂交育种是人类改变"自然"、加速变异的作为，自然的进化太慢了或不合当代人所需，因此人们就自力救济、自行实验。杂交造成作物遗传基因的整批翻新，也许每个基因均受到影响，而且经常造成无法预知的后果；相反的，现代生物技术以精确的方式，把遗传物质引进一种作物中，而且是一次只转移一个基因。因此，我们可以说：传统的育种方式就像挥舞一把大锤，而生物技术则像小心翼翼地捏着一支镊子；传统与生物技术在转基因手法的粗细，有如天地之差。

至少一万年前，人类已经开始将食物改得"不自然"了。例如，我们今天所熟悉的玉米（玉蜀黍）的原生地是墨西哥，它原来是一种叫假蜀黍（teosinte，或称墨西哥玉米）的野草，它结的穗为手指般长短，并且只有一排少量的颗粒。今天种植的玉米是经过多年培育，才形成的粮食作物，与先期玉米有着极为不同的特征（彩图17）。

番茄和马铃薯最早出现于南美洲，当时的番茄大小和葡萄一样。

马铃薯最初则是含有大量有毒的配糖生物碱（glycoalkaloid）的多节块茎植物。

从1930年代开始，植物杂交专家研究出新的技术，能够让两种在正常条件下无法产生下一代的植物，繁殖后代。又如，胚胎拯救（embryo rescue）技术，是将新植物的胚放在实验室中悉心培养，辅助它度过最初的生长阶段。

变种好戏纷纷登场

在1860年，德国植物学家萨克斯（Julius Sachs）以水耕法生长作物（水中添加氮、钾、铁、钙、镁、磷、硫等），美国哈佛大学生物学家托里（John Torrey）认为这是植物生物技术的开始，以后就水到渠成、顺理成章了。一旦不需泥土，下一步就是让植物各部分自行独立成长。

1926年，荷兰植物生理学家温特（Frits Went）发现植物荷尔蒙"植物生长素"在控制植物细胞如何变长。1954年，美国威斯康星大学米勒（Carlos Miller）团队发现另一种植物荷尔蒙促进生长因子"细胞裂殖素"（kinetin）。植物生长素和细

德国植物学家萨克斯，开启了植物生物技术时代。

（图片来源：Wikimedia Common）

胞裂殖素主宰新生组织长成植物，当两荷尔蒙平衡时，细胞集合的新生组织仍然是细胞集合；但若细胞裂殖素少一些，根就长出；若细胞裂殖素多一些，芽就长出。

1950年代后期，法国植物学家莫雷尔（Georges Morel）发现长芽最尖端的根端分生组织，可在适宜的荷尔蒙环境中复制，而开启了组织培养复制法。1960年，英国科学家科金（E. C. Cocking）发现：原生质体培养，可在适宜环境下长成植物，而且有些带有新的基因特质。

有了上述基础，变种好戏就纷纷上场了。在1978年，德国科学家梅尔歇斯（Georg Melchers）融合番茄和马铃薯成为新植物，再以回交杂种促成新品种；番茄和野生茄子也杂交成功。2002年，日本北海道大学发表原生质体融合技术杂交米和近亲，以增加产品的抵抗力。

组织培养技术亦可出现新的品种，依植物形态、年龄、从哪一部位（根、顶、叶、花药）取出组织、植物荷尔蒙的相对量、试管中的营养物、培养时间等，即使不用辐射或诱变化学物质，也能获得各式突变种。它们都称为"体细胞变异"，产物包括抗咪唑啉酮类和抗草甘膦除草剂的玉米，但均非基因工程产物，因此都被归类为"非转基因玉米"。

在1920年代，科学家证实X光、镭、伽马射线、快速中子、热中子等，均可促成植物突变。例如，在美国最受欢迎的葡萄柚Rio Red，是在1968年经由热中子辐射葡萄柚苗芽而成。哥斯达黎加科学家阿尔瓦雷斯（W. Alvarez）为了寻找抗盐分的米，就以伽马射线照射商业米，他在2002年报告，从一万种样本中找到64种抗盐米。

小黑麦一点也"不自然"

秋水仙碱（colchicine）是一种生物碱植物激素，在1936年证实可当杀虫剂，也能将植物的染色体加倍。1950年代，美国艾奥瓦州立大学教授奥马拉（F. G. O'Mara）使用秋水仙碱，结合裸麦和硬粒小麦，而创造出新作物小黑麦，大受欢迎，现今已广植于世界各地，且在"自然食品店"出售！其实裸麦和小麦不能自然杂交，小黑麦一点也"不自然"。

此外，意大利名牌小麦Creso的亲代，均来自X光或中子照射种子。著名的适合酿造啤酒的大麦Golden Promise是在1957年经由伽马射线照射亲代而成的。曾经为美国加州赚大钱的Calrose 76米，则是在1976年用伽马射线照射亲代而成。这些都是很出名的变种把戏。

瑞士植物学家安曼（Klaus Ammann）指出，全球面包麦种中，大约有200种是用X光、伽马射线、中子、各式化学物质等造成的。其中一种小麦Above，和美国孟山都（Monsanto）公司的转基因大豆产品"抗农达"（Roundup Ready）特性相同，都可抵抗除草剂"农达"，可是Above却不归类为转基因作物。

很受欢迎的莴苣Icecube和一些酿造啤酒的大麦，是亲代经化学诱变剂甲基磺酸乙酯处理过的；甲基磺酸乙酯是会导致人类基因突变的致癌物！

1995年，还有人筛选了大约两千万种经过化学处理而突变的大麦品种，以酿造不会因冷却而混浊的啤酒。

每年数百万的品种，历经转基因（虽非经分子技术的基因工程），从来没有经过政府监督或限制。育种者一年栽培出五万种玉米、大豆、小麦、马铃薯等作物；大多数的基因，早已经由人为方式，频频穿透自然障碍而杂交。

——米勒（Henry Miller），美国斯坦福大学教授但是有不少人对这些事，视而不见。例如在1984年，反对生物技术最有力的美国评论家里夫金（Jeremy Rifkin）在国会作证："将基因从一物种转移到另一物种，代表对物种完整性原理的彻底攻击。"他在1998年的著作《基因工程食物：安全吗？你来决定》中，宣称不可混合不相关物种的基因，因为自然律已定下界限，但基因工程却恣意跨越大自然定下的界限。

里夫金可能有所不知：19世纪末的美国园艺怪才伯班克（Luther Burbank），在19岁时看到达尔文的书《动物和植物在家养下的变异》之后，就决心要创造新植物。他从世界各地进口各种植物，经改造后卖出。他使用接枝法，造就了加州李子产业，现今热门的品种中，有11种是他创造的。他单凭刀剪等工具（而非蜜蜂），就创造了成千上万种杂交水果，例如融合桃子和扁桃、李子、杏等，杂交温桲和苹果、

马铃薯和番茄等的新品种。为了创造混种莓类，他声称杂交了37种不同品种。他宣称科学园艺法为结合自然而创造。他创造出的"伯班克马铃薯"，是美国速食店很喜欢采用的食材。

1901年伯班克演讲说："植物学家以为分类物种不可改变，但

美国园艺怪才伯班克，在他创造的无刺仙人掌前留影。

（图片来源：Wikimedia Common/Mike Cline）

它们在我们手中是弹性十足的。"

所谓转基因，其实取之于自然

突变育种（mutation breeding）是从1950年代开始出现的，我们日常食用的很多常见农作物，都是通过胚胎拯救和突变育种等技术发展而来的，而且几乎所有的食物都有这样的基因，难怪一些植物杂交专家认为，近代所谓的"转基因生物"，只是"掠人之美"的说辞。

> 超过两千种作物由化学或辐射产生突变而成，其中的一半是在1985年后释出的，包括小麦、水稻、葡萄柚、莴苣、豌豆等。这些作物就比黄金米更少转基因或更自然吗？
> ——费多罗夫，美国国家科学院院士

荷兰突变育种学家哈坦（A. M. Harten）说："育种者常常不在乎突变种是经由天然或人为诱发，部分原因是育种者知道民众认为'生物技术'会导致风险（不管是真实或虚拟的），因此，育种者不会说明其产品是基因突变过的，以避免民众产生负面观感。"所有经由照射或化学处理的突变作物，没有任何一种会标示"突变育种"，甚至许多还宣称是"自然食品"，就如上述的小黑麦。

新西兰生物学家索尔（David Saul）就指出，照射和化学突变均被认为是现代标准育种技术，"此名词象征缓慢步调、温和操控，也是自然的；其实它们是很残酷地和相当不可预测地改变了基因。其中有些食品已经存在80年，而且还是有机食品店的典范代表。"

意大利那不勒斯盛产圣马札诺番茄，因其土壤富含维苏威火山岩浆的养分而别有风味，以这种番茄来配料的比萨特别有名。但近来，圣马札诺番茄却被番茄嵌纹病毒摧残殆尽。

　　类似的情况也在美国发生：宾州果园被李痘病毒搅得民不聊生。若是使用杀虫剂和除草剂以清除病毒的寄生物，会伤害其他无辜生物。传统方法遏止不了病毒，于是美国农业部研发出转基因李子（彩图18），以拯救农民生计。意大利科学家也曾研发转基因番茄，但政府却未批准——有专家指出那是因为"基因工程"和"生物技术"已被染上恶名，民众一听就联想到"不自然""有问题"。

　　事实上，科学家是善用大自然已有的基因资源，来从事转基因。例如，市售除草剂"草甘膦"[1]会破坏植物细胞的某种酶，使植物死亡。科学家发现有些野生玉米不怕草甘膦，那是含有突变基因之故，结果研发出耐草甘膦的转基因作物。后来孟山都公司发现，有些寻常土壤细菌能分泌类似的生长合成酶，但不会被草甘膦盐破坏，孟山都找到该基因而转移到作物中，就可不怕草甘膦了[2]。

　　又譬如耐旱转基因技术，则是使用枯草芽孢杆菌的一个基因，该菌种广泛分布于土壤与腐败的有机物中。北极的鱼，体内有抗寒防冻基因，科学家将它转移到作物中，则作物就可耐寒。

　　1977年，美国加州啤梨发生了枯萎病，科学家束手无策，只好重回它的原产地厄瓜多尔，寻找可以抵抗枯萎病的基因，结果他们在一

1　20世纪中期，农药含有高毒性的无机物如硫、铅、砷等，孟山都研发低毒性农药，合成出化学成分是草甘膦异丙胺盐（简称草甘膦，glyphosate）的草甘膦除草剂，商品名称"年年春"。草甘膦能抑制植物的生长合成酶，导致枯死，特性是：（1）广效非选择性，会同时伤害杂草及农作物；（2）系统性非局部性，吸收分布传达全株植物；（3）阻断光合作用，作用于叶绿体；（4）阻断芳香族氨基酸合成。
2　杂草和作物抢资源，两者均为植物，要如何去除前者而保护后者呢？有人想到"标示特赦"做法，亦即去除各式植物，但具有标示者就可幸免；此即耐草甘膦的作物。

处原始的森林里，发现十二棵啤梨的亲缘种，由此找到抗病基因，经过杂交选种后，解救了加州的啤梨产业。

修饰作物和饲料

农业科学家很明白：转基因可增进作物产品的品质，包括改变油脂组成、酶活性、提高马铃薯与番茄的固形量、增加营养价值（譬如提高必需氨基酸的含量、维生素含量、改变微量元素含量）、延缓熟成时间。

举个例子，谷物是人的主食，但其赖氨酸（一种必需氨基酸）含量很少。玉米是人的主食，也是畜牧饲料，若能改善玉米的赖氨酸含量，善莫大焉。1964年，科学家发现玉米的某变异种会提高赖氨酸的含量。美国孟山都公司便设计转基因玉米，将赖氨酸含量增加近两倍。

氮是植物的生长要素，也是种植玉米的主要成本（超过两成购买氮肥）。氮肥以石化当原料，制造过程耗费水电能源，施肥时易污染环境。正在研发中的转基因玉米，预期可提升玉米利用氮的效率，增加一成的产量。

"转基因添加剂"是能够以具体和指定的方式，改变牲畜的新陈代谢能力的复合物。其总体效果，包括提高生产效率（每单位饲料所增加的体重或产奶量）、改进家畜的肉质（肉与脂肪的比例）、增加产奶量、减少牲畜粪便排泄量。

玉米、大豆、大麦、小麦等谷物中的磷，约有五成到七成多存在于植酸（无法消化的化合物）中。由于谷物中的蛋白质和碳水化合物会被我们的消化道消化和吸收，使得排泄物的磷浓度增为四倍。排泄物成为甚佳的磷肥，但在养猪密集处，土壤中累积太多磷了，雨水会将此磷酸盐冲刷到水渠、池塘、河流、湖泊中。水中磷含量升高，容易导致藻类大量生长（蓝绿藻就常产生毒素），而使得水中氧含量减少，导致鱼儿死亡，并且造成水不适于饮用。因此养猪地区往往有严重的污染问题[1]。

传统养猪时，农民须在饲料中添加磷酸盐，为猪补充磷养分。但若采用转基因植酸酶玉米当饲料，就可帮助猪消化饲料中的磷，使农民不必添加磷酸盐，既能减低成本与劳力，还可减少猪排泄物中磷的量。

氨基酸成分得到改善的转基因作物，很有可能减少氮的排泄，尤其是对猪和家禽而言。氮会污染地下水和地面水，造成酸雨，而酸雨增加土壤的酸度，又产生异味。若增加谷物中的赖氨酸、甲硫氨酸、色氨酸、苏氨酸和其他基本氨基酸的含量，则可以通过低蛋白质饲料，满足猪和家禽所需的基本氨基酸。这种饲料含有较少的"最终需要通过尿液排出的"其他氨基酸，若在猪和家禽的饲料中采用这些转基因作物，将可大幅减少被排泄到环境中的氮，例如尿素。

为水稻加油

单子叶植物可分为C3（例如水稻）与C4（例如玉米、高粱、甘蔗等）两类[2]。C4植物的光合作用效率较高，所需水分与肥料较少，而且较抗逆境，产量也较高。由于全球环境持续恶化，因此许多育种学家开始寻找具C4植物特性的水稻，希望能因此显著提高产量。

1　牛、绵羊、山羊等反刍动物的消化系统，能够较有效地吸收磷，因此没有这方面的污染问题。

2　水稻、小麦、棉花、大豆、油菜等植物，在光合碳同化途径中，CO_2固定后形成的最初产物3-磷酸甘油酸为三碳化合物，所以称C3途径，具有C3途径的植物称为C3植物。玉米、高粱、甘蔗、稗草、苋菜等植物，则在光合碳同化途径中，CO_2固定后形成的最初产物草酰乙酸为四碳化合物，所以叫做C4途径，具有C4途径的植物称为C4植物。

"中研院"分子生物研究所研究员赵裕展与余淑美夫妇。(图片来源：中兴大学)

　　"中研院"院士、人称"水稻教母"的余淑美，率领研究团队加入"C4水稻联盟"（C4 Rice Consortium），与位于菲律宾的水稻研究中心，共同执行盖茨基金会（Bill & Melinda Gates Foundation）的合作计划"强化光合作用创造第二个绿色革命：C4水稻"，要利用"台湾水稻基因突变种质库"与资料库[1]，来筛选具C4植物特性的突变水稻。

　　余淑美团队的策略，包括利用正向与反向遗传（forward & reverse genetics）方法，来研究谷类基因的功能。正向遗传的方法是直接在田间筛选出性状特异的突变株；反向遗传方法则可利用插入基因突变法

---

1 "行政院""农业委员会"农业试验所的农艺组，利用迭氮化钠（NaN$_3$）进行水稻台农67号品种的化学诱变，已建立一个包含三千多个突变体的水稻基因库。

（T-DNA）插入点序列标记的信息，来选择突变株。目前已寻获数十个控制C4特性基因的突变品系，例如叶脉距离缩短、叶绿素增加、C4光合作用相关基因表现增加等，未来将持续研究这些基因的功能，以期用来育出耐高温、省水、光合作用效率提高的高产量水稻品种。一旦成功，将对全球粮食增产有很大的贡献。

转基因动物的例子

2008年的诺贝尔化学奖，由美籍华裔科学家钱永健等人共同获奖，以表彰他们对于绿色萤光蛋白（green fluorescent protein）的发现与研究成果。这个蛋白在蓝光或是紫外线的照射下，会显现出鲜明的绿色[1]，因此科学家可借此直接观察生物现象，例如神经元（神经细胞）在脑部的发育过程，或是癌细胞转移的过程。

科学家是将绿色萤光蛋白连接在重要的蛋白质上，而得以观察这些蛋白质的移动、位置、彼此间的相互接触情形。例如，它可以让正在生长的癌症肿瘤发光、可显示阿兹海默症在脑部的发展状况或是显示病原菌的生长等；又可让不同的蛋白质标记上不同颜色，来检视它们的交互作用。最著名的研究是使一个老鼠的脑部同时表现出不同颜色的萤光蛋白，拍出来的照片如同彩虹般的颜色，称之为脑彩虹。

绿色萤光蛋白在转基因中的应用很多，包括用在转基因过程中使用的报道基因（reporter gene），例如转移到对砷有抵抗力的细菌，使得它在砷存在时会发出绿色萤光。科学家也修饰了其他的生物，当感

---

[1] 绿色萤光蛋白发光的机制与萤火虫发光的机制不同。前者透过照射紫光或蓝光后，激发发光基团成激发态，恢复成基态时释放的能量以萤光形式呈现；后者则是透过酶与受体间的作用，产生能量而发光。

2008年诺贝尔化学奖得主钱永健，研发出绿色萤光蛋白。

（图片来源：Wikimedia Common/Prolineserver）

测到具爆炸性的黄色炸药时，或一些重金属如镉或锌的存在时，会发出绿色萤光。

转基因动物的例子还有：转基因果蝇为研究"改变基因发展效应"的模式生物，因为果蝇生命周期短、维护需求低、基因组相当简单。转基因老鼠，则可用来研究细胞与组织在患病时的反应。2009年，日本科学家宣布，他们已成功将基因转移入灵长类动物（狨猴），以培育转基因灵长类动物。第一个医疗目标是帕金森病，未来的目标在肌萎缩性脊髓侧索硬化症、亨廷顿舞蹈症等。

转基因动物目前较难作为食品用途，因为基因转移效率低、生产转基因动物的费用相当高——猪需美金2.5万元、羊需美金6万元、牛需美金30万元到50万元。

很重要的一点是，对于转基因作物、转基因动物，或者使用生物技术产品（例如生长激素）的动物，我们必须检查它们的"成分等同性"（equivalence of composition）。若是具有成分等同性，就表示转基因生物没有因此发生实质上的改变。

转基因蚊子：人类何时战胜蚊子？

全世界每年约有300万到500万流感个案，但有5 000万到1亿个案的登革热，死亡人数约2.5万。罹患登革热会导致严重的似流感症状，有时甚至成为登革出血热。

电影《秘密客》（Mimic）里，转基因昆虫"犹大"种，吐出的泡沫能够使蟑螂失去生育能力，进而消灭它们。此改造剧情原只是电影，但科学家已经研发于真实世界：英国生物技术公司欧西帖克（Oxitec）研发抗登革热蚊子，首席科学家阿尔菲（Luke Alphey）原为牛津大学动物学家，2002年与人合创欧西帖克公司，股东包括牛津大学。该公司专注于研究登革热，因为登革热大部分是由单一种蚊子传播的（疟疾由许多种蚊子传播），至今尚无药可治疗登革热病；而且蚊帐帮不了忙，因为该种蚊子在白天咬人。

欧西帖克公司历经10年研发出来的转基因雄蚊，带着致命基因（有特殊食物可解套），在野外和雌蚊杂交后，后代会死亡。此技术曾在巴西某地实验，使得传染登革热的蚊子在一年内减少85%。但在同受登革热之苦的美国佛罗里达州某镇，却遭到抗争，因担心人被转基因蚊子咬到会导致意外后果，也担心诸如蝙蝠等吃蚊子的物种会饿到。欧西帖克公司澄清：转基因雄蚊不咬人，咬人的是没经过转基因的雌蚊，转基因雄蚊的DNA无毒性、不致敏。昆虫专家也

说，佛罗里达州该镇并无只吃该种蚊子的物种。

英国科学家阿尔菲，创办欧西帖克生物技术公司，研发转基因蚊子对抗登革热。

（图片来源：Luke Alphey）

为何美国和巴西民众的态度大不同呢？巴西实验主持人知道居民有些顾虑，提早透过各式会议和媒体，与民沟通，指出转基因蚊子不是威胁，而是要共同消除居民均知悉且害怕的登革热。甚至，孩子还帮忙向父母解释。但是坚持反对立场的美国佛罗里达州该镇，宁愿一年花费100万美元喷洒有毒的杀虫剂，也不愿采行，当地反转基因的意见领袖则拒绝听取欧西帖克公司的解释。

后来在2012年，美国北卡罗来纳州立大学受托民调显示，宣传用语会影响民众接纳的意愿。例如，使用"不孕"蚊子，民众支持度为42%，但使用"转基因"蚊子时，民众支持度只剩下24%。其次，当诚实告知民众风险时，受访者就更反对了，上述的42%降为33%，24%降为17%。

可惜的是，较"先进"的美国社会不能宏观地比较"使用与不用此新科技的优缺点"，例如，社会整体付出的代价若干？民众的伤亡有多少？喷洒杀虫剂对环境的影响有多严重？

分子农场崛起

分子农场（molecular farming）包含转基因动物（牛、羊、猪、鸡、昆虫）、植物（烟草、玉米、水稻、番茄、苜蓿草、浮萍、绿藻等）、微生物（真菌、酵母菌、细菌、病毒等），是以转基因生物作为生物反应器（彩图19），来生产有机分子、生物技术药品（例如治疗用抗体、疫苗、抗凝血剂、荷尔蒙、蛋白质／胜肽抑制剂、重组酶等）、生物制剂（抗原、食用疫苗等），制造高价生物实验室试剂与生物医学材料。

2009年，美国食品药物管理局批准第一个转基因动物（羊）生产人用抗凝血剂ATryn（来自羊乳），可减低手术与分娩时凝血，或用来治疗患有先天性抗凝血缺失症的病患。

人体代谢糖及其他碳水化合物需要胰岛素，胰岛素是由胰脏分泌。1920年代，科学家采取猪与牛等动物的胰岛素，但量少不敷需求（需要8 000磅动物胰脏分泌腺，以产生1磅胰岛素）。1978年，美国基因泰克生物技术公司与希望之城（City of Hope）医学中心合作，首度研发出基因工程人类胰岛素。这个方法的优点是不必依赖动物，而且基因工程产品的化学组成与人类的相同。

动物分子农场还有一个具代表性的例子：2011年3月，生物活性基因重组人类蛋白质溶菌酶（lysozyme，是人体天然的杀菌剂），已可在转基因牛奶中起作用。

用牛生产的好处是，它与人类在进化上较接近，因此产品可能较适用于人类。缺点是牛的转基因与成长过程费时费工，而且，某些蛋白荷尔蒙或药物在乳腺中大量生产，可能难以纯化，也可能会影响到牛的生长发育或健康。

那么，用很容易养大的鸡如何？虽然鸡很会生蛋，饲养成本也不高，但是转基因技术仍有相当的困难度待克服。

使用植物分子农场的优势

植物转基因技术已经相当成熟，可依用途选择各种不同的器官（根、茎、叶、花、果实、种子、培养细胞等），在较短时间内就可大量生产。

利用作物生产医药蛋白，具有许多经济与品质上的优势，例如可降低病原体感染的风险、产量高、可在种子或其他储存器官中生产。据估计，在植物中生产重组蛋白质的成本，比利用大肠杆菌发酵生产的成本，大约低10倍到50倍。而分子农场因为能提高产品萃取与纯化的效率，加上品质更具稳定性，可降低生物技术药品的生产成本，可望为农业生物技术市场带来发展的新动力。

植物不携带可能危害人体健康的病原体。此外，在药理活性的蛋白质方面，植物不含类似于人类的蛋白质。另一方面，植物仍然和动物与人类密切相关，因此能正确处理和建构动物与人类的蛋白质。虽然在理论上，可由机器合成蛋白质分子，但这仅适用于非常小的分子（少于30个氨基酸的长度）。几乎所有具备治疗价值的蛋白质，分子均更大，需要倚靠活细胞来生产。

许多蛋白药物需要经过修饰，例如加上醣或硫基，以达到结构正确、确定性高、效果佳等目的。但是如何生产经修饰后仍适用于人类的蛋白药物呢？虽然转基因牛或转基因鸡生产的蛋白药物可能与人类蛋白在结构上较相似，但是到底"多相似"才算安全，而不会引起过敏反应？目前尚未十分确定。对很多蛋白药物，植物分子农场似乎是颇佳的选择，因为成本相对低很多。如果蛋白药物的使用经由口服，则更有安全性高的优点，因为人类早已适应食用植物性蛋白质。

1990年，植物分子农场首先产生了人血清白蛋白，接着抗体、血液制品、荷尔蒙、疫苗等均能在植物中表现，经由收割和纯化，可得到蛋白质医药品。

有一种神奇的生物技术药品，称为"可吃的疫苗"。例如，现在的B型肝炎疫苗来自转基因酵母，但产量与价格都无法满足发展中国家和地区的需求；若改成"吃"的，25 000平方米的温室生长转基因马铃薯，就足够供应整个东南亚B型肝炎疫苗之需。此技术已经相当成熟了，只要国家社会有决心，就可以在发展中国家和地区种植转基因马铃薯，生产可吃的B型肝炎疫苗。

表一　转基因植物生产生物技术药品的例子

产　品	作　物	治　疗　疾　病
诺瓦克病毒抗原	马铃薯	病毒性肠炎
癌症疫苗	烟草	非何杰金氏淋巴瘤（淋巴细胞转变成癌细胞的疾病）
重组胃脂肪酶	玉米、烟草	纤维囊肿
单株抗体	玉米	癌症
胜肽	菠菜	狂犬病
乳铁蛋白	水稻	胃道局部感染
溶菌酶	水稻	纤维囊肿

　　台湾地区已有的分子农场，包括猪、羊、昆虫、植物个体或细胞培养等，产品涵盖猪口蹄疫、人类肠[1]病毒、B型肝炎与SARS病毒等疫苗、猪乳铁蛋白、猪鸡饲料用酶、食品加工用酶与治病用抗体等。另外，台湾地区领先全球，率先以农杆菌进行水稻转基因（1993年），此技术加速了利用水稻为分子农场的发展。台湾地区目前已成功研发出各式各样的转基因米，例如用来做饲料用途的转基因米、转移牛胃植酸分解酶的水稻、用来生产糖浆与高蛋白米粉的甜甜米、可生产乳铁蛋白用来增加猪免疫力的转基因米等。

　　台湾地区的分子农场研发成果还有很多，譬如：林业试验所利用

――――――――――

1　家禽在接受到抗原感染后，会产生免疫球蛋白，并贮存于蛋黄中，因此称为IgY（immunoglobulin of egg yolk）。平均每个蛋黄约有100毫克到200毫克免疫球蛋白。以人类的各种病原菌作为抗原，可经由蛋黄生产出各类具保护性的抗体，包括对抗人类的链球菌、大肠杆菌、肺炎杆菌、幽门螺杆菌等。以鸡为生物工厂，与利用羊、老鼠、兔子等动物来生产抗体相比较，在成本花费及生产效率上更具有竞争力。

转基因青脆枝的毛状根，在生物反应器中大量培养，生产喜树碱成分，作为抗癌药物的原料。苗栗区农业改良场、"中央研究院"与家畜卫生试验所合作，将转基因家蚕变成生产医药蛋白的迷你工厂。畜产试验所则是以母鸡生产含有家禽蛋黄免疫球蛋白（IgY）抗体的抗脂蛋。

发展出"基因组育种"技术

科学家逐渐精通转移技术后，不止能将单一基因转移入生物体内，也希望能操作复杂的多基因。例如，黄金米就是多基因转移的产物。

近来，各式生物的基因组一一解码测序后，科学家更方便进行基因转移了，由此发展出基因组育种（genomic breeding）技术或称为"作物设计"（crop design）——亦即，育种前，先想好需要哪些基因（如：产生维生素A、耐旱、抗蝗虫等性状）；换句话说，先设计蓝图才育种（定做）。

从作物的基因库，我们知道各种作物的基因型与功能，希望保存哪些优质基因[1]、删除哪些不良基因，据以寻找亲代，进行杂交育种。如此一来，就不需要像传统育种那样，得等到子代长大，才知道子代的特性。我们可以筛检作物的幼苗细胞，搭配分子标记筛选技术，就能够知道子代是否如预期般优质。

就如同前面说过的，传统的育种方式就像挥舞一把大锤，而生物技术则像小心翼翼地捏着一支镊子；但这支镊子却能够四两拨千斤，威力远非大锤可比拟。

1　因为作物有许多重要的性状，是由多个基因共同控制，我们透过"基因堆叠"（gene stacking）方式，就可将相关基因整合在一起。

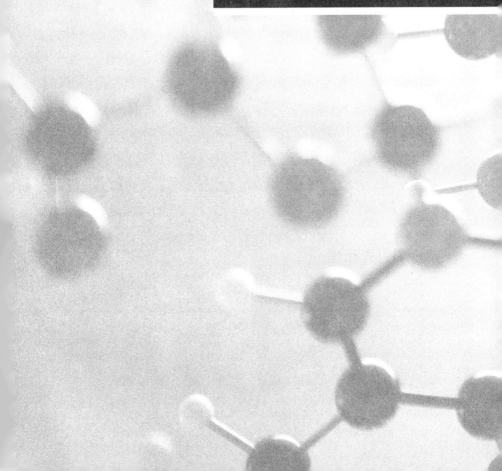

第 三 章

转基因食物安全吗?

许多民众不了解基因科技，又受到媒体负面报道的影响，而十分担心转基因作物的安全性。例如曾有人询问："我早上喝了转基因大豆豆浆，不久后拉肚子，是不是转基因大豆惹的祸？"媒体也曾引用所谓"专家"的高见："改造过程中可能加入抗生素与启动基因，前者会对人体造成伤害，后者将启动有毒基因。"媒体也常被误导，说转基因就是"放入诸如毒蝎与过敏物的有害基因"。

有关转基因的负面报道始终不绝于耳，当然会引起社会恐慌，导致民众一听到转基因食品就惊慌和愤怒，避之唯恐不及。

追根究底，民众之所以担心转基因食品，往往是媒体引述了外媒的负面消息。举个2005年的例子：英国《独立报》揭露，美国转基因公司孟山都的秘密实验发现，食用转基因玉米的大鼠，肾脏较小，且血中有害物质较多。因中国台湾进口大量美国玉米，消息传来，让台湾地区的环保人士十分担忧："不是美民众喂我们什么，我们就要吃什么。大鼠吃了尚且如此，我们吃了又会如何？当我打开洋芋片时，我会想知道它是不是转基因马铃薯做的。"

这一章，我们就来谈谈转基因的安全性，破解大众对转基因作物和转基因食品的迷思。

担心DNA作怪

食物中早就含有各式各样的基因，这些基因源自肉类、蔬菜水果，甚至昆虫、病毒、细菌等。经过消化后，食物中的DNA就会分解成为腺嘌呤、鸟嘌呤、胞嘧啶、胸腺嘧啶——也就是组成DNA的四种碱基。消化系统中的唾液腺、胰脏、小肠均有分泌物可分解DNA，胃酸则从腺嘌呤和鸟嘌呤下手，破解整个分子的作用。但是这些分解并非百分之百完成，这就让反对转基因食物者拿到把柄，认为可能导致"水平基因转移"，亦即吃下基因会改变人的基因。

真是这样吗？

有些科学家宣称：检测到一些DNA会逃离消化道，进入血液系统。但细究之下，发现他们使用非常高浓度的DNA进行实验，这在实际中情况是不可能发生的；这些科学家若非刻意误导，就是疏忽。例如，德国科隆大学遗传研究所的德夫勒（Walter Doerfler）团队，研究食物中的基因在大鼠体内的流动情况，他们的确发现一些DNA会逃离消化道，进入血液系统。他们所用的材料其实来自"嗜菌体M13"，但这是天然基因，而非转基因；他们发现大鼠体内到处都有其DNA。这结果让人担心转基因食物中的外来基因也会到处跑。

其实，该团队喂食大鼠的是50微克的"嗜菌体M13"DNA分子（1微克等于百万分之一克），而非50微克的转基因大豆DNA，两者相比，其值相差约15万倍（嗜菌体M13有6 400碱基对，大豆DNA有10亿碱基对）。如果要公平比较（正确的实验），就必须喂大鼠吃15万倍的大豆DNA，可检测的浓度才会相当。但是大鼠并不吃纯DNA（大豆的主要成分是淀粉和蛋白质），那大鼠就得吃下非常非常多的大豆，这是很不可能的事。

另外，在2003年，英国"环境、食物、田野事务"部的部长报告指出："德夫勒并不在研究转基因，而是研究所有吃下的基因。"亦即，在血液系统中找到食物DNA，并不值得惊讶。

人类进化的过程中，一直吃下各种食物，各式人物嗜食各式食物——动植物之外，当然也包括各种菌类等"异乡异气、异国风味"，因此，我们的身体一直暴露在各式外来基因中。

自有人类以来，一直在进食基因，并没有任何证据显示，食物基因可进入人体细胞。
——马尔科姆（Alan Malcolm），英国生物研究所执行长

所有干燥后的蔬果与肉的重量，大约有1/100是DNA。所有食物几乎都包含DNA，现代人一天吃下大约1克的DNA，其中，少于1/250 000是转基因食物的DNA。一般转基因蛋白（改造后的基因所转译产生的蛋白质），在1克植株的含量大约为20微克，占所有蛋白的万分之一左右。

食物中带有基因的DNA，在消化道会被消化液分解，变成营养成分被吸收。例如，胰液中的核酸酶分解DNA成为核苷酸（串联成DNA与RNA的基本分子，由含氮碱基、戊糖和磷酸根构成），肠液中的核苷酸酶再将核苷酸分解为戊醣、含氮盐基、磷酸。英国新堡大学的吉尔伯特（Harry Gilbert）团队，以自愿者实验转基因大豆，发现在排泄物中并无转入的基因，显示DNA在经过消化道后均被分解了。所以，转基因作物的基因（DNA片段）不会污染人体，只要是国家核准的转基因食品，均可安心食用。

事实上，人类食用各种作物数千年，并无作物基因进入人体细胞的实情。

若有人担心转基因作物，质问："谁知道几十年后是否会造成身体出问题？"会这样质问的人，对于非转基因的传统育种作物，更应该要提出同样的质疑，因为非转基因（包括辐射与化学改变）等传统育种，其实是"挥舞大锤来改造基因"，也就是"无知的基因大混合"，根本

不知道混合了哪些特定的基因——这也是转基因食物，却从无人担心，也从无严格评估检验安全性。那么为何还要担心"经过严格检验的转基因作物"？

反对之论禁得起科学检验？

反对者常说转基因食品"未经测试"与"不安全"，但他们往往不提包括美国国家科学院、英国皇家学会、欧洲学会等，许多国家的科学院一再检视转基因作物的安全性，也声明对人健康无害。几近20年来，全球多少亿人食用核准上市的转基因食品，比起传统的非转基因食品，并无一人因转基因而致病或死亡。

美国国会会计总署也发布过同样的安全评估结论报告。另外，包括20名诺贝尔奖得主在内，全世界3 200多位有声望的科学家，均认为：就对人体健康而言，目前市场上的转基因产品并不比传统产品的风险大。

有些人担心的是：吃进转基因作物时，其外源基因或启动子，会侵入人体肠壁细胞，甚至引发病变。（启动子是DNA当中，具有"开关"功能的一段特别的序列，可决定特定的基因能否开启，以便细胞生产该基因所对应的蛋白质。）

但是，动物的胃酸很强，即使是植物的细胞壁，也会在一分钟内被胃液分解破坏，然后，细胞内的基因就会被分解；因此，转基因作物的外源基因或启动子，不可能有机会进入人体肠壁细胞内。传统农作物的基因中，也不乏外源基因或启动子，可是人类食用各种农作物成千上万年，从未有证据显示外源基因或启动子会进入人体细胞。

美国有机消费者协会和国际绿色和平组织均宣称，转基因食物可能导致长期健康问题，或损伤环境，但并没有提出适当的证据。2012年，《食品化学毒物学》（*Food and Chemical Toxicology*）期刊有论文指出，公立研究实验室进行超过24个长期动物喂食研究，并没发现长期食用转基因食物的安全问题。

2009年，三位法国科学家（Vendômois等人）发表文章，重新分析三个前人所做的喂食试验（确定转基因玉米的安全性）。这三位法民众宣称，转基因玉米导致哺乳动物的肝脏、肾脏、心脏受损。法国生物技术科学委员会的高等委员会，审查这篇文章后，认为并无科学证据显示转基因导致血液、肝或肾毒性。

原来，这三人是接受了绿色和平组织的资助。其实，这三人在2007年发表的文章，已被一些论文审查者评为统计上有误。欧洲食品安全署评估该两篇文章（2007年、2009年），得知其结果在自然变异的范围内，所宣称的健康效应并无生物关联性。

英国《自然·生物技术》（*Nature Biotechnology*）期刊在2009年有一篇论文《评估转基因植物DNA在人体胃肠道的残存》，作者英国卫生部的内瑟伍德（Trudy Netherwood）等人指出："食用转基因大豆后，肠道菌群的移植的基因量并没有增加，我们的结论是：在喂食实验中，并没有基因转移。"但该实验也显示，已经切除大肠者，在实验前，其消化道中已有微量的移植基因；但不论实验前或后，正常人（没切除大肠者）消化道中均无移植基因。

反对转基因者没看清楚这篇论文的内容，就武断认为该实验显示"有可能基因转移"。不过，德国与英国科学团队于2005年、美国科学团队于2006年发表的论文均显示，动物吃了转基因植物后，器官或组织中均无转基因作物残余或新蛋白质。

各式的澄清不胜枚举

2007年，欧洲食品安全署（EFSA）声明："大量研究鸡、牛、猪、鹌鹑等农场动物的组织、体液、食品等，并没有检测到来自转基因作物的重组DNA片段或蛋白质。"虽然至今还没有证据显示转基因食物造成危害，各国监管部门还是遵循准则，评估其安全性，包括转基因食物及其非转基因对应食物的营养差异和致敏性或毒性。

欧洲食品安全署的标志。
（图片来源：Wikimedia Common/EFSA）

尽管上市的转基因食品都经过严格评估和监管，安全争议的故事依然流传。

世界粮食计划署、世界卫生组织、联合国粮农组织，在2002年夏季发表关于生物技术的联合声明，指出科学证据显示，目前市场上的转基因食品对人体没有任何已知的伤害。欧洲委员会也在2002年8月发表公开声明，同样认为没有证据证明转基因玉米有害。

转基因作物已受到许多政府的严格管制，欧洲食品安全署和各会员国政府均详细检验转基因植物。美国食品药物管理局、环保署、农业部也是。因此，欧美的转基因作物商品化之前，均已经过广泛安全测试。

"欧洲联合转基因食物作物安全评估"（ENTRANSFOOD）计划，

世界粮食计划署的标志。

（图片来源：Wikimedia Common/UN）

于2000年到2003年间，由荷兰食物安全研究所柯伊伯（Harry Kuiper）负责协调13国65位参与者，经费超过1 000万欧元。该计划分五个工作小组：转基因食物安全测试、侦测不想要的效应、基因转移、可追踪性与品管、社会层面。工作小组建议：检验转基因食物安全性的一个标准是"和传统食物相比"，因为传统食物多年来已有无数人食用的经验，这就是"实质等同"（substantial equivalence，下一节会详述）的观念，不论目前或以后更复杂的转基因食物，均可适用。

2008年，英国皇家医学会发表评论指出，15年来，转基因食物已经在全世界有千百万人食用过，并无负面效应的报道。类似的，美国国家科学院于2004年声明："至今，并无可归因于基因工程的有害人类健康效应。"到了2010年，欧盟研究与创新总署报告显示：超过15年、多于130个研究计划、500余独立研究团队，所得主要的结论为：生物技术（尤其是转基因生物）本身并没比传统育种技术更具风险。

2012年，美国医学学会公布其对转基因作物与食物的立场：

第一，支持美国国家科学院1987年科学白皮书《释放重组DNA生物到环境中》的三个主要结论：（1）没有证据显示"转基因技术或不相关生物间的基因移动"，就会产生独特的风险；（2）"转基因DNA生物、未转基因生物、其他方式改造的生物"三类的风险均相同；

（3）评估转基因生物的风险，目标应是该生物的本质与导入的环境，而非其是否来自转基因。

第二，直到2012年6月，没有科学根据须将转基因食物标示，自愿标示并不值得（除非伴随着对消费者的教育）。

第三，支持转基因食物上市前、强制性的系统性安全评估，并鼓励：（1）开发和验证对于意想不到效果的检测和评估技术；（2）以实质等同评估原则，继续侦测转基因食物的营养或毒物是否有相当的改变；（3）尽量不用抗生素抗性标记。

第四，转基因食品有许多潜在的福祉，不支持暂停种植转基因作物的计划；应鼓励继续研发食品生物技术。

值得一提的倒是，转基因产生的蛋白质[1]可能是有毒的，但是转基因食物蛋白质的可能毒性，正是各国安全评估的要项。例如，中国台湾"卫生署"食品安全性评估，包括成分、毒性、致敏性、胃蛋白酶耐受性、代谢物的分析、抗生素抗性筛选基因等，事实上，已经涵盖各界对转基因食品安全性的所有疑虑了。

"实质等同"观念

"实质等同"这个安全评估的概念，为世界经济合作组织

1　蛋白质是人类和动物的饮食的重要部分，胃肠将饮食中的蛋白质消化成为营养的氨基酸，然后有效地吸收和利用，并制造新的蛋白质。由于蛋白质需经过消化，而非原封不动地被胃肠吸收，所以大多数的饮食蛋白质并没有潜在的毒性。然而，我们已知有些蛋白质有毒，例如毒液、细菌毒素和其他某些蛋白，包括凝集素和酶抑制剂（植物的组成部分，为抗营养素）。虽然抗营养素并不特别有毒，但一再接触可能降低膳食营养素的利用。

（OECD）于1993年提出，经过世界卫生组织与联合国粮农组织于1996年认可。"实质等同"的评估，意指：比较食品于转基因前后之异同，包括农艺性状、形态、遗传、组成等等；差异处就需要进一步分析（营养、毒性、过敏诱发性）。

"实质等同"包含两部分：（1）比较转基因作物和对应的非转基因作物，两者相同的部分就不需要安全评估；（2）比较两者是否含有相似浓度的蛋白质、碳水化合物、脂肪、氨基酸、纤维、维生素和各种其他成分，两种作物各方面均相似时，就称为"实质等同"。但是话说回来，所有作物的营养素及其他成分必然会有差异，任两种作物（甚至同一作物的两个样品）均可能不一样，"实质等同"当然不代表绝对相同，而是代表：转基因作物成分浓度的范围，就落在非转基因作物的典型范围之内。

目前，许多国家的转基因作物管制单位，均已采用实质等同的观念。现今已经批准的转基因作物，均与它们的非转基因对应作物实质等同；至于有差异的部分，当然就是"新"DNA了，以及衍生的新蛋白质（和新RNA转译的蛋白质）。我们要再次强调：没有必要测试转基因作物中引入DNA的安全性，因为DNA（和衍生的RNA）早已存在于几乎所有的食物中。

不过，新蛋白质引入植物时，就需要测试其安全性了！标准方式为使用动物实验，而且需要使用很高的剂量，远远高于人们实际上进食的量。由于在转基因作物和衍生的食品中，引入的新蛋白质量通常很少，因此，直接以转基因作物喂食动物，并无法测试高剂量的蛋白质；实际做法是，以纯化的高剂量新蛋白质，来喂食动物。

只要新蛋白质确定为安全，转基因作物食品确定实质等同而无健康风险，则不需要（也没意义）在人体上测试转基因食品的安全性。另外，也不可能设计人体长期安全测试，因为那将需要在人生多年进食大量特定的转基因产品；所以，实际上就是没办法以全食品从事人体实验，这是现存食品，不论转基因与否，并无人体测试的根本原因。

有人质疑：现在虽无证据显示转基因作物有害人类，但几十年或几百年后呢？如果这是问题，那同样也应该拿来质疑传统育种作物，因为传统作物也是转基因作物，只不过是用传统育种方法来进行基因改造。例如，现在所有的玉米，均是由墨西哥玉米一代代改良培育（转基因）而来，其中包括不自然的步骤，譬如地缘很远的植物之间的交配。育种者并不了解其中的基因如何在植物间转移重组，但是从没人担心现在或几十年、几百年后有害！[1]

转基因作物的一些蛋白质、荷尔蒙或毒素，因其特定的生物活性，也许会影响致癌率；但是这类生物活性已可从蛋白质的结构来预测，便可由毒性研究而辨认。会致癌的蛋白质并不会用在转基因作物中。

因此，若转基因中引入的DNA、RNA、蛋白质已知其特性功能，就不需要从事长期动物癌症研究了。传统食品并不做长期癌症测试，若转基因食品包含新化学成分，就要依个案检讨测试癌症的必要性，例如检测该成分的特性、生物活性、饮食中包含该成分的后果。

即使科学证据表明，上市转基因作物和非转基因对应作物"实质等同"，监管单位仍习惯于要求证明安全的资料"多多益善"，而非

---

1 传统的植物育种，使用诸如诱导突变的辐射或化学品等技术。反转基因的绿色和平组织认为"这些技术没有打破细胞和基因的调节，不像转基因技术为从不同物种粗鲁地插入新基因到植物中"。从这种说法可知该组织并不了解辐射或化学改变技术，又故意使用负面形容词描述转基因。

"足够就行"。

> 目前在国际市场的转基因食物已通过风险评估，对人体健康不大可能呈现风险；在
> 已经核准的国家，民众食用多年，并无影响健康的效应。
>
> ——2002 年，世界卫生组织声明

在现实世界，一般民众似乎不易体会"实质等同"的意义；而且当政府或科学家说"至今尚无转基因作物有害健康的证据"，民众也疑虑，质问政府和科学家为何不敢说"转基因作物无害"或"转基因作物绝对无害"？其实，这牵涉到统计学的"无法证明虚无假设（null hypothesis）"，因此不可能证明绝对安全。用"白话文"来说，就好比："我没有钱"是一种虚无假设，不可能证明"我没有钱"的，你只要搜查我的口袋、银行账户、当铺、姐姐家、瑞士银行……没完没了地搜查下去，也许就在我的书桌底下找到一元铜板；你总会发现，我不可能完全没有钱。

能证明"苹果绝对无害"吗？不可能。要求证明绝对无害只是自暴其短（暴露自己无知）。然而这便表示"既然无法证明绝对无害，就表示可能有问题，该恐慌"吗？

其实不然，因为凡事皆有风险，吃东西有噎死的风险，不吃东西有饿死的风险；古人已知不可"因噎废食"，为何今人还不比古人理性？类似的，毒物学有一句名言："万物是否有毒，关键在剂量。"就像肉毒杆菌毒素是已知最毒的细菌性毒素中的一种，但在低剂量时，却仍然可以安全地放入人体中——肉毒杆菌毒素可是美容圣品啊！

台湾地区也采用实质等同原则，只要能证明源自转基因生物的成

分和其非转基因者实质等同，就可以认为两者同样安全。实质等同的
原则包括：

一、表现型等同（phenotypic equivalence）：比较转基因植物的外
观形态、农艺性状等，与它的母本植物是否有差异？一旦有明显差异
出现，就表示外源基因（例如抗虫、抗病、耐除草剂的基因）已影响
到母本植物的正常发育。

二、成分等同（compositional equivalence）：比较转基因与非转基
因母本作物的关键成分含量是否有差异？关键成分包括一般成分分析
（蛋白质、脂肪、灰分、含水量、干物重）、碳水化合物、脂肪酸、氨
基酸、矿物质、维生素、有毒物质（反营养性物质、致过敏性物质）
等七大项目，约60种分析细项，作为成分等同的比较参考。对于不同
的转基因植物应选择哪些关键成分进行分析测试，则需依转基因植物
的个案与民众对该植物及其相关产品的取食特性而决定。如果经分析
后，差异超过某种程度，例如20%，则表示在转基因过程中，可能在
植物体中出现不预期的效应，那就应该进一步探究不预期效应产生的
可能原因。

三、安全等同（safety equivalence）：如果转基因植物与非转基因
植物并非实质等同，而且这些差异与转入外源基因有关，则需要考量
这些外源基因产物是否具有安全食用的历史。一旦不具有安全食用的
历史时，就须进行必要的毒性试验。测试外源基因产物及其相关食物
的毒性，可以利用传统毒理学的试验方法进行，并根据毒性试验的结
果，求出每日可接受摄入量，以决定该转基因食品的安全等同的高低
程度。

转基因产品需不需要标示？

通常支持转基因产品需要标示者，包括有机农夫与环保人士，主要论点是认为民众有权知道食物内含，不应信任大公司。反对标示者则说，民众对标示的认知有如风险警告（就像香烟），标示会煽动消费者对转基因的敌意，也会增加食物费用。

美国食品药物管理局采取的做法是：不要求标示是否为转基因产品，就像不要求标示"在培植某种粮食作物时，采用何种传统培育技术"一样。美国食品药物管理局当然也接过民众陈情，要求转基因食品应标示，告知消费者这种食品是转基因产品。但是该局倒是很坚定地认为，并不存在要求标示的科学根据或法律依据。美国医学会也赞同这种观点（2012年）。另外，美国食品药物管理局也顾虑到：若要标示，那就必须确实执行，这将带给监管机构庞大的人力财力负担；既然转基因产品无害，何必多此一举。

不过，如果基因的改变实质改变了食品的成分，则这些改变就必须反映于食品的标示上，包括营养成分（例如油酸、氨基酸或赖氨酸的含量更高或更低），或可能影响到食品安全特性、营养价值的储藏和烹饪方式等。例如美国食品药物管理局针对"转基因大豆的豆油油酸含量，与传统大豆的豆油油酸含量大不相同"时，就建议出品的公司，为这种油贴出反映这种变化的新标示。如果转基因食品中含有某种过去未曾发现的过敏原，而该局认为只要标示注明，便足以保证这种食品的安全性，则该局就会要求在这种食品的标示上，注明含这一过敏原。

在国际转基因作物市场上，欧盟比美国保守得多，也常拒绝美国转基因物质的销售。有人说，"台面下"的原因是欧盟的基因科技输给美国。另外，欧盟对于转基因食品的标示政策，系以"预警原则"（precautionary principle，之后详述）作为依据，在预警原则的思考下，转基因技术被运用于食品的生产制造，即已经对环境与人类健康带来风险。这种思考方式不同于"实质等同"原则——将转基因食品与相类似的传统食品实质等同的部分，视为无安全性顾虑。

　　欧盟对于转基因产品还有一个"追溯原则"（traceability）：举凡转基因加工品或再加工品，不论是否能够检出所含的DNA或蛋白质成分，皆需标示为转基因产品。

　　我们整理一些国家和地区的转基因食品标示制度，如下：

　　（1）美国：如果转基因食品的成分与营养，与原来的食品实质上不等同，就必须标示；若实质等同，则可以自愿标示，唯须遵守2001年1月17日公告的规范。

　　（2）欧盟：自1998年起即规定，所有转基因食品均须标示。其后，欧盟又补充规定自2000年4月起，食品内含超过1%转基因成分的加工食品，亦须标示。

　　（3）澳大利亚与新西兰：2000年12月7日公告强制标示规范，一年后实施，采取1%的容许量。

　　（4）日本：规定自2001年4月1日起，采取5%的容许量，30类指定的食品中若含有转基因成分，就须标示。不过，对于检验科技无法检测出新基因或蛋白质成分的精制加工食品（油与酱油），则不在管制之列。

　　（5）韩国：农林部宣布自2001年3月起，转基因玉米、大豆、豆芽均须标示。

（6）中国台湾：食品中的转基因成分超过5%，就要标示为"转基因食品"；但是色拉油等高度加工而无法检测出含转基因成分，则不须标示。选定5%是因为目前转基因产品很普遍，包括仓储与运输工具等，均可能有转基因产品残留，很难做到完全不掺杂。

事实上，欧洲的转基因法规直到1990年代，仍然比美国的相关法规宽松。一个转折点是1996年美国首度出口的转基因大豆，包含2%的转基因成分，欧洲商会与食物零售业者要求区分转基因与非转基因产品。1998年，欧盟暂停新批准，要求所有转基因食物可追溯其源头、并且转基因含量多于0.9%时，就要标示；但是在2006年，世界贸易组织认为，欧盟的该项要求违反国际贸易规则。

2012年，欧盟批准了48种转基因生物，其标准是由欧洲食品安全署评估的，包含四种分类：安全、自由选择、标示、可追溯性。但是这次的批准有一个保障条款：各会员国若有"正当理由"（认为可能伤人或伤害环境），就可禁止输入。

背上"科学怪食"的辱名

英国女作家玛丽·雪莱（Mary Shelley，英国著名浪漫主义诗人雪莱之妻），于1818年发表小说《科学怪人》（*Frankenstein*），描述一个天才医生的疯狂计划，创造出一个不自然的生命，几分像人但更像恐怖怪物，身上大部分器官是由医生从坟场精挑细选后偷出的尸块拼成的。但是医生想到这个新的物种会冒犯神灵，于是在创造之后不久便后悔了，想杀掉那个怪物，但怪物很本能地逃亡，随后双方开始发生冲突。

《科学怪人》这部小说后来还拍成电影，更在世人心中形成对科学的不好印象。

> 科学怪人之后，科学家将这些玩意儿带到食物中，民众应可高举火炬抗议这些"科学怪食"（Frankenfood）。
> ——1992 年《纽约时报》读者投书，《突变食物创造了我们无法猜测的风险》

于是科学怪食成为攻击转基因食物的名词，和科学怪人一样激发民众害怕科学的莫名排斥心理。在各种抗议转基因食品和作物的场合，常可看到"科学怪食"的讽刺漫画，尤其在绿色和平组织等环保人士领军的示威下；令人作呕或畏惧的科学怪食，确实容易达到宣传目的。今天世界存在这么多转基因食品恐慌，可说是拜科学怪食和绿色和平组织之赐。

科学怪人原为小说家的想象，彼此竞相吓唬用的，后人却"当真"，为科学界贴标签。

（图片来源：Wikimedia Common/ Theodore Von Holst）

你听过食品上喷洒病毒吗？

根据美国疾病控制暨预防中心（CDC）的统计，美国每年约有2 500人因感染李氏菌属（Listeria）的杆菌而生重病，其中500人不治。

2009年美国食品药物管理局批准，混合六种杀菌病毒的"噬菌体"可以喷洒于冷盘、热狗与香肠等食品上面，以清除李氏杆菌等。（噬菌体是专门以细菌为宿主的病毒，广为人知的噬菌体是以大肠杆菌为寄主的噬菌体。正是通过对噬菌体的研究，科学家证实基因以DNA为载体。）

这是美国食品药物管理局首度核准的"病毒食品添加物"，对象是美国生物技术公司Intralytix公司的产品，其噬菌体可喷洒于立即可食的肉品，包括火腿切片与火鸡肉上。噬菌体能杀死李氏杆菌，在即食肉品包装前使用噬菌体，安全无虞。

噬菌体是第一个获该局核准，以食品添加物名义使用在食物上的病毒。食用罐头肉品尤其容易受细菌感染，因为人们购买后通常不会加以炊煮或加热，来消灭诸如李氏杆菌等有害病菌。添加在食品中的噬菌体，只会攻击李氏菌株，而对人体与植物细胞无害。人们通常在食物、水与环境中接触到噬菌体，在人类的消化道内也可发现其踪影。

反转基因者应该仔细想想，既然某些病毒都可以直接喷洒进食了，则历经巨量检验而千辛万苦过关的转基因食品能有多可怕？转基因研发需要的应是监督，而非"不了解"就反对。

有毒与否，取决于剂量

瑞士医生与植物学家帕拉塞尔苏斯（Philippus A. Paracelsus，1493—1541）有句名言："万物均有毒，关键在剂量；其多寡即成毒物或疗剂之

瑞士医生与植物学家帕拉塞尔苏斯，他的名言"万物均有毒，关键在剂量"至今依然适用。（图片来源：Wikimedia Common）

分。"这是毒物学的重要观念。注射疫苗也是这个观念的衍生应用，以减弱或低剂量的致病微生物或毒素，来增强身体的抵抗力。

　　即使有用如水，若在短时间内喝下大量的水，也可导致肾脏无法排出过多水分，而产生身体渗透压下降，称为低血钠（俗称水中毒），会造成意识混淆、昏迷，甚至死亡。另外，人类祖先在两千万年前失去制造"左旋光古洛糖酸内酯氧化酶"的基因，因此无法自行制造维生素C，而需靠饮食补充，若缺乏维生素C，会造成坏血症等麻烦；但维生素C若过量，会产生胃部发炎、肠胃不适、腹泻等副作用。

　　每次一爆发食品非法添加物风波，就有人要求降低化学物的暴露浓度，甚至要求"零检出"；这不但不需要（因为低剂量时无伤人体），也是浪费资源和精神的举措。

　　关于食物，现代人致命的祸首是"过量"：中国台湾"卫生研究院"温启邦教授于2008年指出，民众致病主因包括肥胖、缺乏运动。肥胖往往是饮食过量所导致。2011年，"卫生署"公布台湾人2010年的十大死因，肥胖为头号杀手[1]。

1　美国科学与健康委员会于2008年指出，美民众致死因素的第二位为肥胖。澳大利亚膳食指南编纂委员会主席Amanda Lee说，澳大利亚人的死因56%与肥胖有关。

　　另外是食物卫生，例如美国疾管中心统计，2000年到2007年间，每年4 800万件食物中毒，导致3 000多人死亡，其中，居首的沙门氏菌导致一年约380人死亡。又如2011年中惊动全球的事件：欧洲出血性大肠杆菌持续肆虐，到6月7日，欧洲和北美四国已超过2 300人病发、24人死亡。西班牙黄瓜和德国豆芽菜均被误指为疫情元凶，但随着疫情扩大，又始终找不出祸首，消费者信心快速流失，导致蔬果滞销，例如奥地利有高达七成多的新鲜蔬菜销不出去，农民损失惨重。

　　因此，民众首先需要注意的应是：饮食过量与否？食品卫生吗？有无微生物污染、非法添加物？这些议题更需要大家多花心力去关注，相对之下，转基因议题似乎吸引到"过量"的负面关注了。

为何过敏？

　　食物过敏系由免疫系统过分反应所导致，过敏原进入人体之后，导致组织胺（histamine）产生，引起过敏性气喘、过敏性结肠炎、过敏性鼻炎、湿疹、皮肤瘙痒症、痉挛等各种症状，严重者出现过敏性休克，导致死亡。

　　几乎所有过敏原都是蛋白质。食物含有几千种蛋白质，但只有少数是过敏原。大部分食物过敏原，在酸性与加热状况下相当稳定，不易被消化，或加工不易破坏。九成以上的过敏原来自八种食物群：花生类、牛奶、蛋类、大豆类、坚果类（胡桃、榛果等）、鱼类、甲壳类、小麦类。即便是很传统的食物，如马铃薯或大豆，就是有人会产生过敏反应。[1]

1　食物过敏在美国发生率：成人1%至2%、小孩6%至8%；每年约3万人因食物过敏送
　　急诊，其中近200人死亡。

人们担心转基因导致过敏的一个原因是，一则流传甚广的巴西坚果的故事。这原本是动机良善的计划：西非人的饮食经常缺乏甲硫氨酸，而巴西坚果的一种蛋白质富含甲硫氨酸，因此，若将制造这种蛋白质的基因转移到西非的大豆里，则可解决问题。但是后来有人发现，有一种巴西坚果常见的过敏反应，可能导致严重的后果，因此整个计划就取消了。

无独有偶，科学家曾想将菜豆抗象鼻虫的基因转移到豌豆里，但发现结果会导致小鼠肺部过敏，因此就放弃。

这两个计划无疾而终，给了反对转基因者可乘之机，用来塑造出转基因导致过敏的形象，可充当转基因深具危险性的确凿证明。但事实上，这两个案例反而呈现出转基因作物的研发与测试是相当严谨的，可在实施前即"揪出"潜在的缺点[1]。

美国食品药物管理局指出，没有证据显示，转基因作物的DNA会造成食品安全问题。如果出现安全问题，很可能是：

（1）过敏原：可能把未知的过敏原转移入作物。

（2）毒素：为改良基因而植入作物的新蛋白质，有可能产生毒性。

（3）抗营养因素：加入抗营养因素，例如植酸分子，可能减少食品中的磷等必要矿物质。

有人担心，因为产生新品种的方法不同，转基因作物比非转基因作物更容易发生突变，导致植物的营养成分减少，或是过敏原、毒素增多。实际上若要细究，比起转基因的特性，传统育种实在更为混杂，

---

1 类似的，大约在1990年代中期，美国孟山都公司将马铃薯糖蛋白（patatin）转殖到玉米，但发现其为过敏原，就停止研发。

而且更应该多虑！（还记得大锤与镊子的比喻吗？）

另一方面，如果说"突变导致营养变少、毒素增高"的说法成立的话，那么"突变导致营养增高、毒素减少"的说法也可以成立，因为两者发生的几率大致相同。从生命的进化史来看，突变不必然是坏事。

层层把关，筛检过敏原

要评估化合物的潜在过敏性，不是容易的事，科学界已经发展出指导原则，和实验评估的决策树法（decision tree），借以分析：转入的基因是否来自过敏原作物？已有过敏的病患血清抗体，是否会与转基因食物反应？新基因编码的产物，是否与已知过敏原有类似的性质？

由于并无单一测试可决定某物是否为过敏原，因此，评估致敏性需要依个案而定。

一些导致过敏的蛋白质具有共同的理化结构，若转基因作物中引入的蛋白质具有这样的结构，就必须进一步测试其致敏性。目前已有相当完备的蛋白质安全性评估，包括：

（1）检查衍生蛋白质的来源、其功能与安全使用历史；如果缺乏此新蛋白质的安全历史记录，可能需要28天的啮齿类动物毒性研究；

（2）根据生物信息学，和已知不利于哺乳动物的过敏原、毒素或其他生物活性的蛋白质（譬如蛋白酶抑制剂、植物凝集素）进行比较；

（3）在胃肠模拟系统中的消化率；

（4）对哺乳动物的可能毒性；有时需要适当的毒性研究，例如急毒性研究；在毒理评估方面，动物实验常超过三个月；

（5）在致敏性评估方面，将转基因作物蛋白质的氨基酸序列与人类已知过敏原的氨基酸序列比对,若相似度高于35%,或有连续八个氨基酸相同,就必须进行更详细的实验,以确认致敏性。此为联合国专家制定的规则。

经过这样的层层把关,科学界希望能把转基因产物的致过敏原筛检过滤掉,让有需要的民众能安心食用,尤其是生活在一些贫困地区、特别缺乏某种营养成分的居民。

转基因技术有助于减少过敏

不少人注意到,近代的过敏率似乎增加了。有证据显示,可能是因为近代更好的家庭卫生,以及更少地早期接触过敏原和感染。这就是"卫生假说"(hygiene hypothesis),由于卫生好,幼儿接触某些过敏原的机会变少,免疫系统的发展变得欠磨练,导致后来的过敏。支持这一理论的证据,包括住在农场儿童的哮喘率,比非农业儿童的低;养宠物家庭的儿童比起后来才接触宠物的儿童,较不会罹患哮喘;各种免疫性疾病在发展中国家远少于发达国家;发展中国家国民移民到发达国家后,发展出免疫性疾病的程度和移民时间的长短相关。

有人担心,转基因作物和近代早发性青春期有关,其实并无关系。大部分专家认为,这是近代营养改善的结果,而这在生理上是正常的。以百万吨计的转基因作物喂食农场动物,已超过十年,并无证据显示农场动物有早发性青春期。实验室动物也无早发性青春期或其他意外的荷尔蒙效应——此处所谓"意外的",是因为大豆含有天然的植物雌激素,具有已知的荷尔蒙效应。

青春期的提早,其实在引入转基因作物前就已经开始,也在大部分发达国家发生了(但是这些国家食用转基因作物的多寡,差异甚大）。并没有证据显示，上市的转基因作物会增加致敏率。但有些国家和地区确实呈报了渐增的致敏率，原因可能只是有些人愈来愈注意食物过敏——就像罹患癌症者似乎愈来愈多，原因可能只是人们的平均寿命拉长了。另外，由于缺乏稳定的"检测食物过敏和食物耐受不佳"的诊断标准，因此有可能认为是过敏，但实际上并不是。

许多人因为不了解传统育种技术和转基因技术的差别，以为传统作物才是安全可靠的，不会导致过敏。其实传统育种技术并没有过敏测试的规范，传统育种的新作物不必通过过敏测试，即可上市。例如大豆，有人吃大豆会过敏，只要进食几分钟后就可能发生荨麻疹和血管性水肿；婴幼儿喂养大豆奶时，可能呕吐和腹泻，甚至加上更严重的流血。

事实上，由于转基因食物须经安全测试（包括使用动物模式来筛选转基因食物，虽然传统食物从没这么做过），会引进过敏毒物的可能性，远比使用传统育种方式小得多。至今，商业转基因作物也没有发生过导致过敏的案例。

有意思的是，现在反倒可利用转基因技术来减少作物中的过敏量，方法是减少相关基因的表现。例如，使用基因技术找出大豆中的过敏原，再使用转基因技术将过敏原去除。

转基因导致蜜蜂消失？

近年来，美欧等地陆续传出蜜蜂集体消失的奇异事件，称为"蜂群衰竭失调"（colony collapse disorder）。例如，在美国，一年之内，就有近1/3的蜜蜂（80万个蜂巢）消失，一些美民众怀疑蜜蜂的大量消失和转基因作物有关。但是欧洲不种植转基因作物，蜜蜂也一样消失无踪。

人类的粮食相当依赖小小的蜜蜂。以美国为例，三分之一的作物须仰赖蜜蜂传粉，蜜蜂每年的产值高达150亿美元。蜜蜂的消失不仅是一个物种的危机，也是人类粮食的危机。

最早的嫌疑犯是一种寄生虫：蜂蟹螨，曾在1980年代危害近半数的蜜蜂。感染蜂蟹螨的蜜蜂，会变得虚弱而在地上爬行，但现在，连蜜蜂的尸体都不见踪影，因此不像是蜂蟹螨的缘故。

另一嫌疑是杀虫剂，从2006年开始运用的新型杀虫剂"新类尼古丁"，时间点颇符合蜂群衰竭失调的出现时机；此杀虫剂仿天然尼古丁类物质对烟草类作物的保护方式，并且毒性多针对啃食叶片的昆虫，对脊椎动物的影响较小。不过，新类尼古丁不像尼古丁多存于叶片中，而会进入花粉与花蜜中，因此对于授粉者的影响较大。过去研究发现，新类尼古丁会影响蜜蜂的学习能力，所以可能会造成蜜蜂忘记回巢路线。这个症状与蜂群衰竭失调也相符。

2007年《科学》期刊有论文指出，祸首之一是以色列急性麻痹病毒，感染的蜜蜂死前翅膀颤动，进而麻痹。2008年，德国发现祸首应是农药。

罪魁祸首可能不止一个，但是并没有明确的证据指向转基因作物。在真相大白之前，反转基因人士请勿随便指控或归罪。

专题报道一

台湾地区的转基因现况

在研究方面，"国科会"于1989年制定"基因重组实验守则"，后来的修订版要求各相关单位必须设置"生物实验安全委员会"督导。

在发展方面，"农委会"于1998年公告"基因转移植物田间试验管理规范"，明定设置"基因转移植物审议小组"，以审议基因转移植物田间试验及推广栽培事宜。

在把关民众健康方面，"卫生署"于2000年制定"转基因食品安全评估方法"；2001年，"卫生署"成立"转基因食品审议委员会"，评估毒素、过敏原、营养素等可能影响食品安全的因素，也借此逐步建立台湾地区转基因食品审查制度。审查首例为美国孟山都公司"耐草甘膦转基因大豆"（1996年开始在美国受准商业种植）；当时台湾地区的转基因大豆与玉米全为进口，其中以美国为最大产地，因此可推估，台湾地区的进口大豆约有六成为转基因产品，进口玉米则有三成。

在环保方面，"环保署"于1998年发布施行"遗传工程环境用药微生物制剂开发试验研究管理办法"等。

近来，台湾地区转基因研发经费每年超过10亿元新台币，"中研院"等研究单位已经有一些成果，报道如下。

"中研院"余淑美的植酸酶转基因水稻、马铃薯、甜甜米

动物饲料含大量植酸，会和饲料中的磷、钙、铁、锰、镁等离子结合。家畜猪与鸡的消化道内无植酸酶，无法分解植酸，也无法使植酸和磷、钙、铁、锰、镁等离子分开。因此，家畜猪与鸡无法吸收这些营养成分，就会排出体外，而污染水域、助长藻类、消耗氧气而不利鱼类。消化道的养分如氨基酸也会结合植酸而被排出体外。

如果养殖户于饲料中添加植酸酶，成本会大幅提高。"中研院"余淑美教授团队，从大肠杆菌与牛胃细菌中取得植酸酶基因，转移入水稻。因此，猪与鸡的饲料中含此转基因水稻即可。另外，植酸酶转基因马铃薯的成长更佳，因为植酸酶会分泌到土中分解植酸，而增加磷的吸收。素食者吃进植酸含量高的豆类，会缺钙质而致骨质疏松，因此，植酸酶转基因水稻有助于改善素食者的缺钙情况。

另外，余淑美（与萧介夫教授合作）找到美国黄石公园温泉中细菌的耐热淀粉普鲁南糖，会让水稻淀粉在高温时直接分解为麦芽糖，此称为甜甜米。

余淑美团队也找出耐盐、耐旱、耐寒、生长快速、提早开花、增产、谷粒变大等改进水稻的基因，也找到启动根、叶、花等不同部位表现的基因，或幼苗与成株不同时期表现的基因启动子。

中兴大学叶锡东研发抗病毒木瓜

木瓜遭受病虫害，主要为果实疫病、白粉病、红蜘蛛。这些在及时施药下尚有效，但感染病毒时无法以传统化学药剂防治，其中以木瓜轮点病毒严重危害全球木瓜，堪称是木瓜的艾滋病，无药可治。木瓜轮点病毒经由蚜虫传播，感染后，木瓜的叶子枯黄、生长停滞、开花受阻、果实品质变劣、产量剧减，影响经济价值甚大。

木瓜轮点病毒于1945年首先在夏威夷的欧胡岛发现以来，目前几乎已侵害世界上所有的木瓜产区。台湾于1975年在高雄县的燕巢、大树、阿莲等高屏溪两岸的木瓜栽培区，首先发现木瓜轮点病毒的存在，之后在短短的三年间，即已摧毁全省各地的木瓜果园，损失惨重。

目前市面上所贩售的木瓜，以台农二号两性株为大宗，多以网室栽培方式为主。网室栽培技术是由农业试验所凤山分所发展的，对于阻隔蚜虫的传毒成效极佳，可以栽培出市场喜爱的木瓜风味，又可以不受木瓜轮点病毒为害。

台湾木瓜作物在网室内栽培，虽然可阻断蚜虫媒介病毒，但是每一公顷会增加60—70万元的网室成本，而且网室遮蔽一半的阳光，甜味和风味都比露天栽培差许多。逢到台风季节时，网室遭强风破坏的风险相当大，这使得果农的生产成本很高。

转基因木瓜最早发展于美国，由康奈尔大学与夏威夷大学合作，以基因枪方式，将木瓜轮点病毒轻症系统的鞘蛋白基因转入木瓜中，使转基因后的植株对木瓜轮点病毒产生抗性。使用鞘蛋白调控保护，依据的是病原诱导抗病性的理论，也就是将病毒基因组的一部分转移至寄主植物的染色体内，以达到抗病毒感染的目的。此转基因木瓜品种已于1998年起在美国（包括夏威夷）贩售。但夏威夷研发的鞘蛋白转基因木瓜，仅能对夏威夷的病毒株系有很好的抗性，对台湾及其他地区的病毒则不具抗性。

　　台湾地区转基因木瓜研究始于1988年，中兴大学叶锡东教授研发出转基因木瓜，可同时对抗一般木瓜轮点病毒、超强木瓜轮点病毒、木瓜畸叶嵌纹病毒。原理是：以遗传工程方式，在RNA层面营造植物的免疫抗病毒性状[1]，又无导致过敏等的外源蛋白。杂交后，1996年栽培出具双重抗病毒的转基因商用品种"新台农二号木瓜"，不需网室成本，可露天栽培，享受充足的阳光。

台大潘子明结合乳酸球菌和纳豆菌

　　台大生化科技学系教授潘子明研究转基因微生物，使用微

1　植物似乎没有免疫系统，但美国华盛顿大学比奇（Roger Beechy）发现植物交叉保护的现象，亦即将病毒蛋白质外套的基因插入植物细胞，可防止细胞被入侵的病毒接管。转入病毒中的非传染性成分，类似"注射疫苗"；这就是病原免疫，它挽救了夏威夷木瓜免于轮点病毒的肆虐。若能用同样的方法对付马铃薯X病毒，则我们今天的马铃薯价格将会更低廉。然而，汉堡业者担心反基因者抵制其营业，科学家就没有研发下去。

生物（细菌、酵母菌、真菌），用以生产食品，如优酪乳、乳酪、纳豆、面包、啤酒，以及生产饲料和医药产品。

人类借由乳酸菌发酵，提供食品特有的风味与多样化，已经有长远的传统。利用转基因乳酸菌，可提高食品发酵过程的稳定性，改善发酵食品的品质，缩短生产时程。许多乳酸菌是哺乳动物消化道固有的菌丛，用于发酵乳品或蔬菜食品中，公认是极为安全的微生物。而乳酸球菌属于非病原性乳酸菌，很适合作为表现外源蛋白质的宿主。

另外，纳豆激酶是一种丝氨酸蛋白酶，为纳豆独特风味的来源，同时也是一种纤维蛋白溶酶原激活物，具有溶解纤维蛋白的潜力。纳豆激酶可分解化学诱导所产生的血栓。"组织纤维蛋白溶酶原激活物"和"尿激酶"被广泛用于治疗血栓，但价格昂贵且有副作用。潘子明以转基因技术，结合两个潜力益生菌（乳酸球菌和纳豆菌），产生由乳酸链球菌素诱导的重组乳酸球菌，可于细胞内表现纳豆激，不仅提供乳酸菌的益生菌效果，纳豆激酶更对血栓治疗有帮助。

"中研院"詹明才的抗病菌文心兰、抗逆境作物

台湾地区切花外销第一的文心兰，若感染软腐菌会坏死。"中研院"詹明才团队研发出可抗软腐菌的转基因文心兰。原先在甜椒中找到抗病基因，尝试转移入文心兰中而成功抗病菌，

后来也在蝴蝶兰上成功。其技术不用抗"抗生素"的基因，而直接以软腐菌筛选，这可减少使用抗生素的疑虑。

除了兰花，詹明才团队也研发出转基因番茄抗寒、抗旱、耐盐、抗青枯病，那些功能是来自拟南芥的CBF1基因，但是该基因也会促进植物生长素GA的代谢，使植物无法获得足够的GA而长不高。詹明才团队将植物逆境荷尔蒙诱导的启动子，接上CBF1基因，此启动子在植物平常生长期不会启动，因此不会让CBF1基因影响生长和产量，但在植物遭逢干旱与盐害时会启动，让植物具有抗逆境能力。

台大郑登贵与吴信志的凝血因子猪、乳铁蛋白猪、萤光猪

血友病患者血中缺凝血因子，此遗传疾病的治疗方式为服用纯化人类血浆或转基因仓鼠卵巢细胞，但均量少而昂贵。台湾大学动物系教授郑登贵与吴信志研发转基因猪，可在乳腺中分泌凝血因子。

乳铁蛋白可抗氧化、清除自由基、抑菌。小猪常在出生后七天到十天开始下痢，主要因为母奶的乳铁蛋白含量开始下降，使小猪抗菌能力变差。郑登贵与吴信志研发的转基因猪，已可持续分泌乳铁蛋白。另外，凝血因子与乳铁蛋白的双基因转基因猪，也已经成功问世。

由于DNA很微小，研究人员难以观察基因是否顺利嵌入或

表现。若是能转入萤光基因，只要使用光学影像系统或萤光显微镜，研究人员即可知道基因嵌入成功与否。为此，郑登贵与吴信志团队也已研发出萤光猪。

另外，干细胞可分化成各种细胞，目前常以间叶干细胞研究，但骨髓、脂肪、关节液、骨膜、脐带血等均有间叶干细胞，到底哪里的间叶干细胞分化成（例如）肝脏细胞最佳？若有不同颜色标记，就方便同时测试了。于是该团队研发出绿光与红光两种萤光猪。此动物模式可为治疗人类疾病的重要参考。该双色猪的另一用途为研究治疗过程，因为由颜色可知治疗过程融合与否（若融合，则显示红绿加成的黄光）。

蔡怀桢、吴金洌、陈志毅、龚纮毅、陈鸣泉的萤光鱼

台大生命科学系蔡怀桢教授与邰港科技公司，在2001年研发出小型萤光鱼（彩图20）。"中研院"吴金洌教授、陈志毅教授与芝林公司，在2010年研发出中型萤光鱼。两种鱼均为世界首例。

2005年2月《台湾光华》杂志，以专文《萤光鱼照亮台湾》报道蔡怀桢发明"转基因萤光鱼"，那是将水母的绿色萤光蛋白基因或珊瑚的红色萤光蛋白基因，以显微注射的方式，转入稻田鱼或斑马鱼的卵中，进而表现出水母或珊瑚的萤光性状。2003年，此萤光鱼获选为《时代》周刊全球年度最杰出的40项

发明之一。原来，蔡怀桢是以转基因鱼为模式，研究鱼类心脏和眼睛等器官的形成过程，透过颜色的标记更容易追踪观察。蔡怀桢利用水母的萤光蛋白作为追踪的"报道基因"，居然让转入鱼体内的萤光蛋白发亮得更美好，结果产生转基因萤光鱼。后来还研发出不孕技术，防范萤光鱼万一流放到外界，也不至于繁衍而影响了环境生态。

吴金洌研发绿色萤光斑马鱼，同样为了顾及在环境中可能产生的影响，需要让彩色斑马鱼不孕。他用 RNA 干扰技术[1]，抑制生殖相关基因，而达到目的。在转基因斑马鱼的研究方面，吴金洌借助了促使基因表现的启动子，成功地在斑马鱼的特定组织或器官上，表现出红色或绿色萤光蛋白；后来研发出肝脏表现绿色萤光蛋白的转基因斑马鱼，可有效标记斑马鱼的肝脏。

另外，肌肉生长抑制素会限制哺乳动物肌肉的生长，当掌控这个蛋白质的基因受到改变或抑制时，会促进肌肉的生长、并减少脂肪的储存。应用在鱼类，能提升其生长效率。在台湾多为亚热带鱼种，寒流来袭时可能不耐寒而死亡；吴金洌实验室发现鲤鱼肌肉型肌酸肌酶在低温下可发挥活性，负责在低温下提供鱼类能量，将此抗寒基因转移到斑马鱼体内，可提升其

1　RNA 干扰（RNAi），是指 RNA 诱发的基因沉默现象，其机制是通过阻碍特定基因的转译或转录，来抑制基因表达。

抗寒力。

2012年，台湾展出"中型慈鲷科粉红萤光神仙鱼"（水中粉红天使），使用鱼类肌肉专一性基因之增强子与启动子，表现台湾轴孔珊瑚选殖的红色萤光蛋白基因，是台湾海洋大学龚纮毅教授、高雄海洋科技大学陈鸣泉教授、"中研院"吴金洌和芝林公司产学合作的成果。

"中研院"和中兴大学开发出转基因平台

2012年，"中研院"和中兴大学团队宣布成果：透过设计或改造基因组，赋予新的功能，制造微生物原本无法产生的物质。技术平台可以一次同时转移好几个基因，也可以把不同物种的基因同时转到微生物基因组内，并任意调控每个基因功能的强弱表现。

透过技术平台，他们已经建构了从乳酪筛选出的KY3酵母菌细胞工厂，大量培养耐热、耐毒且生长快速的菌种，并在体内产生分解酶，一天内就可以把稻秆或玉米秆等植物纤维转化成酒精，变成高效率的细胞工厂。

除了分解纤维素制造生物质酒精以外，研究团队更企图利用它来生产虾青素（天然氧化剂）和紫杉醇（抗癌天然物）等高单价天然物。未来人类需要的能源燃料、昂贵药物、稀有天然物，甚至分解性塑胶等日用品，都有可能透过设计并改造

KY3基因组，利用低成本原料进行量产。

交通大学研发高产量丁醇生产细菌

2012年，交通大学生物科技系团队发展出"高产量丁醇生产细菌"技术，利用转基因的大肠杆菌，把糖类转化成丁醇。丁醇是干净的醇类，比乙醇（酒精）可多产生1/4的能量。此外，因为丁醇的碳链较长，性质比乙醇更接近汽油，而且不会像酒精一样损害传统运输管路，已有专家把它和汽油混合，并成功地发动车辆。交通大学生科系团队突破分子生物学多基因转移不易成功的瓶颈，发展出高产量的代谢路径设计技术，获得合成生物学亚太金牌。

筹设"基因科技沟通中心"？

2002年，"行政院"科技顾问组主办产业策略会议，结论之一即为创建"农业科技研究院"，目的是要提升台湾农业科研水准，仿照工业技术研究院的商业化能力。

这是因为农业科技人才依靠高考晋用（农业科技人才的延揽任用与聘用的条例亟待修正），无法引进学术精英，以致创新研发能力不足。加上农业经济优势不再，优秀人才不愿意投入，而且因为诸如转基因作物的负面影响，余淑美院士担心优秀学生不选农业。农粮为生计之本，是应该要鼓励的。

　　为什么各国需要农业培训？因为需要当地产业培育和生产更好的种子，所以我们首先必须在这些国家建立农业能力，以便在新科技进入时，不论印度公司到非洲，或美国公司到中国台湾或印尼，当地就有实作能力，足以让此新科技成功。

　　　　　　　　　　　　　　　　——比奇[1]，美国国家科学院院士，2011年

美国农业学家比奇，曾研发抗花叶病毒转基因番茄。

（图片来源：Roger Beachy）

　　台湾地区粮食自给率严重偏低（约三成），每年却有20万公顷闲置休耕，滋生病、虫、鼠害，水利设施也损坏了，休耕地成为官方沉重负担。余淑美建议利用休耕地种植转基因作物，

1　2001年，世界著名的植物病毒学与分子生物学专家比奇（Roger Beachy）教授，曾应中国台湾"总统府"邀请，来台协商生物科技事宜。比奇的研究室率先将病毒之外鞘蛋白质及其基因，应用到跨种源植物抗病毒基因工程与育种，如今已广泛应用到全世界农业研究上。比奇还种下世界上第一棵可抵抗致命的花叶病毒的"转基因番茄植株"。比奇曾任美国农业部的国家食品与农业研究所主任，荣获任命时（2009年），让一些反转基因者很不满。

因为休耕地有足够空间执行隔离措施等管制。但"农委会"公开宣布的推动方向是:"为避免转基因生物影响台湾传统产业之可持续发展,属于台湾外销农产品项目者,暂不考量将其转基因产品予以进一步商业栽培与推广。"结果,目前台湾地区的转基因产业几乎只限于"观赏生物",例如花卉、萤光鱼等;其他转基因生物的田间试验则处于停摆状态。

目前,台湾地区转基因科技政策采取"岛内研发、岛外生产"[1]模式,其实"不可行",因为外国立即可反问:"贵地不准生产,为何到敝国来生产?"以邻为壑吗?

基因科技需要相当的科技知识,一般民众不易了解,而"无知促进恐慌"。也许官方可设立"基因科技沟通中心",请专家澄清转基因疑虑。

---

1 此政策由官方委托资策会科法中心,邀集专家会商,在2007年的《谈各国基因改造管理规范与因应新兴挑战之演进》与2009年的"中国台湾基因改造科技管理政策说帖"(草案、30问),均揭橥"积极研发、有效管理"。

第 四 章

合作代替对抗

该问"是否可持续"，而非"是否有机"

一部分反转基因者为主张有机食物的人士，他们认为有机与转基因两者不相容，因此，对转基因很不满。但是有必要采取这么极端的立场吗？

有机农业是由詹姆斯（Walter James,Lord Northbourne）的"农场是完整的生命体"（the farm as organism）的观念衍生而来，詹姆斯于1940年出版的著作《看向土地》，描述了整体的与生态平衡的农业模式。相对于这种生态平衡农业模式，就是他大力反对而取名为"化学农业"的农业模式，詹姆斯认为化学农业依赖"导入生育力"、不能自给自足，也不是个有机的整体。

1970年代出现能源危机，农田因为过度使用农药化肥，产生贫瘠现象，有机农业于是又受到重视。有机农业不使用农药与化学肥料、转基因作物、植物生长调节剂等非天然物质。"国际有机农业运动组织"在1972年成立，由世界各地有机农业组织组合而成，对有机农业下了定义："有机农业是土壤、生态体系、人类等三者皆健康，均能维持可持续的生产系统。它有赖多样性与适应当地环境的循环，用以克服各种发展上的困难。"

有机农业模式包括作物轮作、绿肥、堆肥、选择合时作物，并设置农田覆盖物等，以控制水土流失，促进生物多样性，并加强土壤的健康。

对于环境的影响，有机农业的损害较少，因为有机农场不使用化学合成的农药，也不将它们释放到环境中[1]。在保持多样化的生态系统

---

[1] 化学农药可能伤害土壤、水、野生动物，但有机农药仍有可能和化学农药一样会伤害环境。

方面，有机农场确实比传统农场友善。而就每单位面积而言，有机农场使用更少的能源和产生更少的废物（例如化学品的包装材料）。

2012年，加拿大麦吉尔大学与美国明尼苏达大学的研究人员发表于《自然》期刊的论文指出：有机耕种的作物产量普遍比传统农业少25%，特别是人类的主食谷物的产量，但依作物的种类和品种不同，产量差距也有很大的变化，例如豆科植物与多年生植物（大豆、水果等）的产量，就与传统作物差距不大。若采取最佳管理办法来种植有机作物，总产量只比传统农业少13%。[1]该团队提出"大哉问"：在选择耕种方式方面，人们该自问的是"是否可持续？而非是否有机！"亦即，农民应当因地制宜，选择转基因作物、传统作物、有机耕作体系等，为可持续而使用多元并存的做法。[2]

有机农业需要更大量的耕地

有机界往往忽略了三件事：有机食物更贵、需要更多土地、更需人力操作。目前全球人口70亿，预估2050年将达90亿，若我们想用有机耕种喂养人口，则需将目前占地球38%的耕地大量扩张。可是，全球在1999年的每人平均耕地2.3公顷，已超出地球负载能力两成了。（有机农业目前的耕作面积，估计只有总耕地面积的3%。）

在这种困窘的情况下，转基因作物是能够助益可持续农业的。例

1　1999年，丹麦环保署的毕契尔委员会（Bichel Committee）指出，完全不用农药时，农作产量减少10%至25%，其中以牛耕方式的减少量为最少。生产相当大量的特定作物，例如马铃薯、甜菜、牧草种子时，产量损失接近50%。
2　2003年，英国环境食品和农村事务部提报，比起非有机农作，有机农作可助益环境；但是，当比较的基础是每单位产量，而非每单位面积时，有机农作的一些优势就会减少或消失。

如各种作物获取固定氮的能力有别，玉米就比水稻和小麦厉害，传统育种者迄今仍无法改变水稻和小麦的这种能力，但基因工程专家已将关键的基因从玉米转移到水稻中，使转基因水稻具有较佳的光合作用效率。又如地球上第三丰富的元素铝，当土地为酸性时会毒伤作物，而全球四成耕地已被酸化，在热带地区，此毒害已造成产量减少八成。针对这个危机，转基因科学家已在细菌中找到基因，可帮助作物抗铝害。

但是，有些农民一旦种植有机作物，就不喜欢附近有人种植转基因作物，他们误以为转基因作物会"污染"有机作物，减损有机作物的价值。

有些环保人士质疑转基因作物污染了非转基因作物与野生原生植物，美国加州法官还裁决除转基因甜菜呢。其实，法院的裁决并非因为甜菜或交叉授粉作物出问题，提起诉讼的农民只是为了捍卫其作物，因为他们以有机为号召，容不下转基因，认为会减损其价格，所以这是为了产品行销。事实上，我们也在保护作物的野生种群，没将转基因玉米和墨西哥野生玉米种在一起，也注意到本地物种可能交叉授粉。不论是否来自转基因，如果野生近亲植物能具有抗病或抗虫害性状，或许可正面看待，因为可降低该地区的病原或虫害。

——比奇，美国国家食品与农业研究所主任，2011年

在科学上，有机（organic）是表示包含碳的分子，"有机化学"正是生命的化学。然而，"有机"一词就像"能量""磁场"等科学术语，经过穿凿附会的想象、变成通俗字眼之后，已经失去正确的科学意义了。现代大众朗朗上口的"有机"[1]，一定就代表健康、无毒吗？一定比较干净、少污染吗？我们来看看一些实证的研究。

1　2012年7月，《康健》杂志调查发现，有机食品专卖店只有二成到三成商品，真正属于有机，又常过度推销保健食品，使用"抗癌""能量"等字眼，有误导消费者之嫌。

有机食品比较助益健康？

　　美国斯坦福大学史密斯-斯潘格勒（Crystal Smith-Spangler）等人，在2012年9月的《内科医学年鉴》发表一篇综论文章《系统评论：有机食品比传统食品更安全或卫生吗？》指出：有机农产品和肉类包含的维生素和营养成分，并不比传统食物多，但可以让你少吃到杀虫剂和具有抗药性的细菌。（不过，传统食物只要是合法生产、经过严格监管，其中的杀虫剂和抗药细菌均在安全范围内。）

　　史密斯-斯潘格勒团队检视了237份经过同行评议的研究报告，这些报告不是在比较吃有机食品和传统食品者的健康状况，就是在比较两种食品的营养成分和受污染程度。他们研究的有机和一般食物，包括水果、蔬菜、谷物、肉类、各种家禽的蛋和牛奶。根据美国农业部的标准，有机农场必须避免使用杀虫剂、化肥、荷尔蒙和抗生素，必须有放牧的草地供家畜吃草。不过研究人员检视的报告中，大部分并未界定有机食物的定义。

　　综合来看，不论是有机或传统食物，维生素含量都没差别，唯一差异是有机食物的磷含量比传统食物稍多；另外，有机牛奶和鸡肉可能含有多一些Omega-3脂肪酸，但是只有少数几份研究报告有这个发现。此外，有两个研究显示，摄取有机食品的孩童尿中，有较低量的杀虫剂；但是孩童尿中的杀虫剂含量，有可能来自家中喷洒的杀虫剂，多于来自食物。

　　很重要的结论是：无论是有机或传统食品，杀虫剂含量都很少超过法定上限。就肉类来说，有机猪与鸡肉含有对三种以上抗生素具有抗药性的细菌，几率比传统肉类少了33%。传统蔬果有38%检测出农

药残留，但剂量都在当局制定的安全标准内；反观有机蔬果，也有7%
检测出农药残留，原因可能是遭附近农田污染，或运送、加工处理过
程中遭污染所致。

　　有机农业大致上对野生动植物是好的，但并不一定比传统耕作对整体环境的影响低。
比较同样数量的产品，有机比传统消耗较少的能源，但需要更多的土地。因此我们建议：
跨越有机与传统之争，而结合两者对环境最友善的做法。例如，厌氧消化微生物可用来
将动物粪便转化成沼气，作为取暖和电力使用；选择性地培育牲畜，以减少氮气和甲烷
的排放；研发新的作物，以减少农药，或更有效获得营养素。
　　　　　　　　　　　　　——牛津与剑桥大学团队，2012年《有机农作减少环境冲击吗？》

　　2009年，瑞士有机农业研究所指出两项广泛的共识：没有证据表
明有机食品更营养或更安全，其次，味道和口感也无显著差异。直到
2012年，科学文献并没一致地或显著地指出，有机作物和非有机作物
有何"安全、营养价值、味道"差异。

　　民众印象中，认为有机食品更安全的主因是"农药残留"，不过，
美国农业部和英国食品标准署均指出，虽然有机农作的农药残留量更
少，但是有机和非有机的农药残留量均远低于安全规范。实际上，微
生物或天然毒素的风险，可能比农药残留的风险更显著，例如，若以
粪肥当有机农作肥料，可能增加大肠杆菌等微生物污染的风险。

　　有机食品的杀虫剂含量可能较低，但是维生素、矿物质、抗氧化物及其他养分，与
传统食品却没什么差别。传统蔬果检出的残余杀虫剂含量，也未超出安全限制。最重要
的是，多吃各式蔬果，不论是传统或有机！不希望家庭因为有机食品较贵而买得较少，
并因此减少健康食品的整体摄取量。
　　　　　　　　　　　　　　　　　　　　　——美国小儿科学会，2012年10月24日

美国癌症协会也指出，民众对有机食品的兴趣是来自：以为非有机食品添加剂可能致癌。该协会的立场是："因无添加剂，有机食品是否致癌风险较低？其实未知。不论来自有机与否，蔬果和五谷杂粮皆应该是我们饮食的重要成分。"

英国食品标准署的立场是，科学证据显示有机和非有机的营养价值无差异。英国食品标准署在2009年发布的报告，是根据伦敦卫生暨热带医学学院50年来的证据，结论是："没有充分的证据表明，有机食品的营养成分比非有机食品更对人健康有益。"

转向有机，照样暴露在化学物质中

各位晓得吗，植物迄今仍是地球上最大的化学武器制造厂！但是，植物的化学武器主要不是针对人类而设计的；植物要对付的是昆虫、细菌、真菌，以及某些草食性动物。

> 植物为保护自身，会制造天然的杀虫剂，其致癌性一点也不比人工化合物低。以咖啡为例，其中有上千种天然物，而经过检验的22种当中，17种具有致癌性。致癌性检验多是以人体不大可能接触的高剂量，在动物身上做的，一如杀虫剂这种化合物所接受的检验。
>
> ——埃姆斯（Bruce Ames），美国加州伯克利分校生化教授

埃姆斯对预防癌症的建议是：别抽烟，多吃蔬果，是不是有机的都一样好，因为：转向有机食品并不会改变人们受化学物质的暴露程度。从植物产生的食物中，其杀虫剂残余量和天然杀虫剂的量相比，是微不足道的（以美民众为例，约万分之一）。若减少使用合成的杀虫剂，而使得蔬果更贵，人们就会较少食用蔬果，则癌症罹患率会升高。

美国加州伯克利分校生化教授埃姆斯：植物为保护自身，会制造天然的杀虫剂。
（图片来源：Bruce Ames）

人类所吃的化学物中，超过99%是天然的，一些会致癌的化学物也是天然的；爱好者选择有机食品后，反而可能让自己暴露于更多的有毒化学物，因为有机食品中的有害微生物（霉菌等）会产生有毒化学物[1]。

"天然"的诱惑：当心中毒！

"天然食品"不容易定义，国际粮食与农业组织的食品法典委员会并不承认所谓"天然"这名词，美国农业部等也不用此名词。但因为大家都知道所谓"天然"的食品指的是什么，而且大多以为"天然的好！"所以，我们就来谈谈"天然"的诱惑。

许多食物很天然地包含了毒性化学物[2]，让植物用以自卫，包括驱虫、排斥动物咬食等。例如，菜豆含有一种化学物质，在消化后成为剧毒氰化氢；芹菜中的有毒补骨脂素，会导致皮肤疹和癌症；花椰菜中有化学物质会导致甲状腺肿大；胡萝卜包含一种神经毒素和迷幻剂；桃子和西洋梨促进甲状腺肿；草莓包含防止血液凝固的化学物质，而

1 2012年10月16日，"卫生署"食品药物局声明，台湾地区超市卖的美国Sunland有机花生酱，可能遭沙门氏菌污染，基于预防性措施，超市通知客户退货，要销毁产品。
2 天然橡胶的酶容易使一些人过敏，所以手术用手套是以人工乳胶制成。

可导致不停出血；豆子和马铃薯谷物等含有外源凝集素（lectin），会导致呕吐和痢疾；蕈菇、黄瓜和橄榄、咖啡、茶等，也含有毒素，真是族繁不及备载。通常这些植物内的毒素浓度不高，人类已可适度享用，也已学会如何烹煮这些食物。

氢氰酸（氰化氢的水溶液）的前驱物包括氰甙化合物，很容易蓄积在植物的种子、核仁、叶片等部位，常见于青豆（赖马豆）、木薯（树薯）、竹笋、高粱、杏仁、核果类。含氰甙的植物品种，常自备酶，受到捕食侵害时，所含无毒的氰甙化合物会被酶水解而产生氰醇，而氰醇又会进一步转化为有毒的氢氰酸，因此可吓退侵食者。

大家爱吃的竹笋，氰化氢含量明显超过木薯块茎，但这些竹笋中的氰化氢含量会伴随作物采收后，逐渐减少。另外，竹笋顶端含量最高，中段第二，底部含量最低。一般最常见的做法就是透过温水浸泡或持续沸煮，以去除或降低毒性成分。例如对于新鲜竹笋的处理方式，就是把竹笋切成薄片或小块后，在沸水中烹煮15分钟，氰化物含量就会降低九成。

民众迷"天然的"东西，对商品标示"天然"就趋之若鹜，以为天然的就安全，人工的就危险。但是食物中的细菌毒素也是天然的，霉菌产生的黄曲霉素就是要命的东西；蓖麻子内含蓖麻毒素，堪称最毒物质；蕈类毒鹅膏只要一口就魂归西天。至于荨麻或野葛，避远一点以免痛得半死。天然泉水可能含有毒物硫化氢，甚至更毒的砷，但这是天然的。

——舒衡哲（Joe Schwarcz），加拿大麦吉尔大学化学教授，
著有《苏老师掰化学》《苏老师化学黑白讲》等科普书

其实有很多化合物，既可天然产生，也可运用现代化学技术制造生产。例如，苹果酸（$C_4H_6O_5$）造成苹果味道的酸溜溜，它的化学名

宣扬正确化学知识不遗余力的加拿大麦吉尔大学化学教授舒衡哲。

（图片来源：Wikimedia Common/Travail personnel）

称是羟丁二酸，除了从苹果萃取，也可抽取植物的延胡索酸而经微生物转换，或将葡萄糖经由真菌转换（或淀粉经霉菌转换成葡萄糖）成延胡索酸再经微生物转换，也可用化学合成方法制造。

　　古人不知道维生素C可治疗坏血症，使得许多水手"冤枉"受苦，甚至丧生。大部分的动物体内可自行合成维生素C，但人类祖先早已丧失制造维生素C的基因，因此无法自己生产，必须仰赖外援。由玫瑰果制造的维生素C，其实和人工合成的维生素C，分子结构（$C_6H_8O_6$）和性质一样，但是前者就拿俏而高价。同理，从香草豆提炼的香草精（$C_8H_8O_3$），和从其他物质经化工转变的香草精，成分一样而价格悬殊。

俗称"万灵药"的阿司匹林，化学学名是乙酰水杨酸，可来自柳树皮，例如，台湾古人咀嚼柳树皮以退烧和止痛；也可用化学合成（1898年由德国化学家合成）。柳树皮大概不好吃，也可能不卫生，但是服用阿司匹林是很多人的共同健康经验。

许多天然化合物和人工化合物其实是相同的东西，百年来，人工物品也同时救助了许多人。然而为什么不少人敬重天然物，却轻视人工合成的化学物品呢？

身为名人，更该据实发言

很多情况是以讹传讹的结果。英国著名的慈善组织"科学智识"（Sense About Science）深知，名人的话往往"美丽动听"，却缺乏科学根据。例如，美国女明星波利兹（Nicole Polizzi）宣称"海水会咸，是因为有太多鲸鱼精子"。

为了破除谣言，美国科学与健康委员会推出专栏"名人与科学"（Celebrities vs. Science），以正视听。

举个例子，《纽约时报》作家克里斯托夫（Nicholas Kristof）写文表示，担心孕妇受到化学品影响；而毒物学家凯莉（Kathryn Kelly）很快澄清：可是减少孕妇暴露于毒物的唯一方法为饿死，因为我们暴露于毒物的方式就是经由饮食。人类摄取的化学物，超过九成九是自然的，而其中已研究过的半数以上为致癌物。这些毒物自然存在，是植物自身防卫系统的一部分。这些天然致癌物存在于所有植物中，例如香蕉、花椰菜、香菜等。

换句话说，超市中几乎每种植物都有天然致癌物。我们每个人的母亲都是这样吃，也这样暴露于这些植物致癌物中。重点还是那句老话："万物均有毒，关键在剂量。"世界上的一些剧毒也是天然的，例如番木鳖碱、肉毒杆菌素。

　　近代知识的分工与专业，均往往超出一般常识或是非本行的专家所能想象。我们对于自己不熟悉的事项，可凭想象发言，甚至要求成为法令规章，据以执行吗？

> 食物中的自然化学物质，和人类发展的有害物质一样致命，但是民众偏袒自然："一杯咖啡所含对啮齿动物致癌的物质，比你一年吸收的农药残留还多，如今一杯咖啡里还有一千种化学物质尚未经测试。这说明我们有双重标准：如果是人为合成物质，我们就怕得要命；如果是天然物质，我们却毫不介意。"
>
> ——埃姆斯，美国加州伯克利分校生化教授

　　在台湾地区，抗议转基因的情况较缓和，但误解仍很多。譬如，一些民众不清楚基因是什么，只是跟着恐慌地喊口号，说出"一般番茄不含基因……"的话。也有一些社会学者对于转基因了解很有限，就开始批判和评估。

　　民主社会人人应可自由发言，只是缺乏科学证据、"随便说说"的人太多了。其实更严重的食品安全，例如食物中的微生物毒素或传统育种乱混成千上万不明基因等问题，才是更该获得社会关注的议题。

扯入宗教就吵不完

　　在农业上，嫁接技术由来已久，但在19世纪的美国，却被诅咒为不自然而干预神的计划，有如今天分子生物技术的遭遇。有个热门教

派Swendenborgians宣称，所有物质均反映灵性世界而不可干预。这教派的牧师认为，种树要让树自然成长，以便表现其灵性实体。这种观点其实来自中世纪对物种的思维，例如13世纪神学家阿奎那，认为地球万物为天国的反映，每个物种都代表神的主意。这种思维当然只是古人的遐思，违反正确的知识（进化论）。

分子生物学家知道，欲将想要的DNA片段插入细胞、进入基因组，过程相当棘手。但是大自然早已发现其机制，例如：冠瘿病会让植物茎部长出丑八怪般的肿瘤（虫瘿），这是由常见的土壤细菌"根癌农杆菌"引起的，这种细菌会感染植物被草食性昆虫咬伤的部位，细菌先建立管道，再将自身遗传物质包裹送入植物内。这个包裹内含特殊质体的DNA片段，此片段在蛋白质保护膜包装后，经由管道送出，然后像病毒DNA般，结合宿主的DNA，但寄宿后不大量复制，而是制造植物生长激素和当作细菌养分的特化蛋白质。因此，入侵的细菌DNA在每一次细胞分裂时，都和宿主细胞的DNA一起复制，制造更多细菌养分和植物生长激素。

对于受侵入的植物来说，疯狂生长的结果就是长出瘤肿般的虫瘿；而对于细菌来说，虫瘿成为细菌养料工厂。可以说，根癌农杆菌深谙剥削技术。所以就有科学家"抱怨"了：自然界的根癌农杆菌已经违反美国转基因规范！因为它们公然在植物上，而非在"P4（第四级）防护设施"中，将DNA从一物种转移到另一物种身上。

这个自然界实际发生的案例，可让人反思：为何转基因的人为引入新基因，就是不自然的，因此是不道德的？

一些教会团体主张，自然发生的生物为神的礼物，是人类的共同财产，不能修改；试图改变生物体的任何科学家都是在扮演上帝。所以这些教会反对任何形式的转基因生物，因为不自然。

但有人说，遗传疾病为"大自然犯错"或说是"神犯错"的结果[1]，诸如杜兴氏肌肉萎缩症、唐氏症候群、亨廷顿舞蹈症等遗传疾病，千百年来很残酷地伤害人类。那为何人类必须逆来顺受，不能干预或防治自然现象？[2]

天主教会在2008年的文件《人性尊严》（*Dignitas Personae*）中，采取严厉反对转基因胚胎的立场，但没有提出任何广泛反对转基因食品的宣言。不过，爱尔兰神父麦克多纳（Sean McDonagh），提问天主教教义部（有如天主教法庭，负责检视天主教的学说）是否可禁止转基因小麦？麦克多纳神父提到天主教法规九二四条规定，圣礼面包只能由小麦制作，也必须是刚做的，因此需要确认转基因小麦的合法性。而代表英国圣公会教会的"教会环境网"，已公开表示反对政府支持转基因生物。

新兴的科学只要扯上墨守成规的宗教，总是扯不清。

民众不必担心转基因混淆荤素食

许多宗教信徒自有传统的饮食习惯，例如，犹太教徒与伊斯兰教徒禁吃猪肉、印度教徒不吃牛肉、佛教徒不吃荤食。近来，因为转基

1　其实只是自然突变引起，和"价值判断"无关，"指责"大自然或神，只是人类自己假想"虚拟对象"的结果。
2　台湾有位矮个子希望以后孩子高一些，就去找高个子女孩结婚，后来，孩子果然高些，这是"转基因"吗？基因疗法就是转基因，针对特定的"自然"基因缺陷，以人为方式导正。其实，人类自身就是一直在转基因，结婚（有性生殖）大量交换基因；"异族通婚"也是。

因食品的兴起，让教徒忧心食品中被掺杂其宗教信仰不允许的食物成分，例如食品中含有转基因成分且包含猪的基因。

我们在第二章已经说明过，其实并无"鱼基因、草莓基因"之类的物质。生物基因源远流长、共用各式功能基因，在常见的生物里，成千上万个基因共同运作。转基因生物通常只是加入诸如抗寒功能之类的单一基因，与生物的种类无关。

因此，素食者完全不用担心"吃到荤食"，修道者也不必操烦"修行破功"。同理，伊斯兰教徒不必担心吃到猪肉成分，印度教徒也不用担心吃到牛肉成分。

讲到素食，值得一提的是：联合国可持续资源管理国际小组于2010年发表报告，呼吁大家从"以动物蛋白为基础"向更加素食的方向转变，以减少环境的压力。荤食者导致较多温室气体与全球暖化，因为牲畜是产生甲烷的首要肇因，氧化亚氮也是牲畜产生的副产品。

食用肉类需要饲养许多家畜动物，而家畜会排放出甲烷，例如，一头牛一天最高可制造出60升的甲烷。大气中的甲烷约有1/4由家畜排放。在美国，生产一单位肉类食物所用的水，要远高于生产同一单位植物所用的水。美国牲畜所生产的总排泄物是人的20倍。可见，饲养家畜动物会对环境造成巨大的压力。

由美国农业部与卫生部合作的《美民众饮食指南》，在2010年版指出，素食者通常具有较低的身体质量指数（BMI，为公认的肥胖程度指标，等于体重除以身高的平方）、血压与心血管疾病的风险较低、进食较多的纤维与维生素C、消耗的热量来自脂肪（尤其是饱和脂肪酸）的比例较低、总体死亡率也较低。植物性食物可以使胆固醇水平降低，植物来源的纤维和抗氧化剂与消化道癌症发病较低有关。但素食食品中含较多量的草酸与植酸，易与锌、镁、铁、钙等结合而排出体外，造成身体缺乏这些重要元素。长期素食，也容易导致脚气病、夜盲症、牙龈流血、骨质疏松症、贫血。[1]

转基因作物将有助于素食者避免这些营养的缺失。例如本书《专题报道一：台湾地区的转基因现况》中提到，"中研院"研发的植酸酶转基因水稻，有助于改善素食者的缺钙情况。

其实要担心的是食品遭受外来污染

转基因作物的另一个优点是：减少诸如霉菌等微生物的污染，让我们的食品更安全。所以，担心转基因食物有伤害的人，实在是弄错对象了，我们要注意的其实是食品遭受外来生物的污染。难怪，关于转基因食物疑虑，美国食品药物管理局的结论是："了解更多置入基因及其DNA序列的信息，并不比了解食物化学成分更重要。"

根据联合国粮农组织估计，世界上大约1/4的粮食在收获后的储存运输中，因为霉烂、发芽、长虫等原因损失掉。应付这类损失的好方法是以辐射照射食品。

辐射照射不仅可以杀死食品表面的病原菌，还可以杀死食物深层的致病菌，提高卫生品质，防止由于食品霉烂变质造成的损失，而且

---

1 素食者要注意到维生素B_{12}，因其促进红细胞的形成和再生而能预防贫血，维持神经系统的正常功能而能预防神经炎与神经萎缩、增进记忆力与平衡感；B_{12}的主要来源是动物性食物，如动物肝脏、牛肉、猪肉、蛋、牛奶、乳酪。纯素食者除非额外补充，否则很容易缺乏维生素B_{12}。另外，素食者也会缺乏牛磺酸，因它来自肉类与鱼类，可维持脑部运作与发展。在台湾，已有流行的功能性饮料以补充牛磺酸为主，例如康贝特饮料。

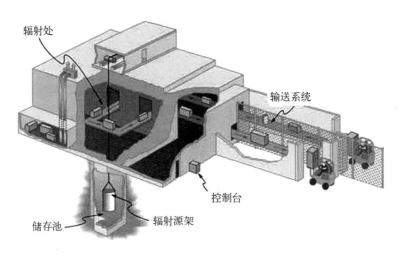

辐射照射食物的设备。(图片来源：OpenStax College)

灭菌过程快速、均匀。一些食物用传统的加热方法消毒，会失去原有的风味和芳香，而经辐照处理后，几乎没有温度变化（变化幅度小于2℃）。与传统的冷藏和巴氏消毒相比，可以节约能源七成到九成。

食品可以先经过包装或罐装密封后，再进行辐照杀菌处理，避免包装时造成的二次污染。

有些人担心，食物经过辐照后，营养成分会大量流失。但科学分析证明，辐照食品所引起的营养成分的变化，远远小于加热蒸煮、煎炒等方式。辐照食物口味不变，味觉也与一般食品没什么两样。

自从1950年代以来，已进行过数以百计的动物摄取辐照食物实验，包括多代的研究，以及代谢、病理组织、功能、生殖系统、生长、致畸形、致突变性等的慢性与亚慢性研究，均无安全顾虑。世界卫生组织曾两次发表声明指出，遵循一定程式剂量的辐照食品是安全的。

辐照灭菌过程不添加任何化学物质，没有化学残留。灭菌过程中，食品只是获得射线的能量，因此不会出现人们害怕的"放射性残余"[1]，更不会造成环境污染。只要是经过国家相关部门检验合格的辐射食品，对健康不会造成危害，可以放心食用。

不解辐射科技的悲剧

2011年，德国爆发出血性大肠杆菌O104污染事件，欧洲和北美四国数千人因此感染，数十人死亡。之前西班牙黄瓜和德国豆芽菜均被误指为疫情元凶，但随着疫情扩大，又始终找不出祸首，消费者信心快速流失，导致蔬果滞销。

西班牙被误认为祸首，每星期损失超过两亿欧元。西班牙要求德国全额赔偿损失，欧盟其他国家也要求补偿——因为俄罗斯率先宣布禁止欧盟蔬果进口，例如奥地利，有高达3/4的新鲜蔬菜销不出去，农民损失惨重。

2012年8月，日本北海道有七人吃了遭大肠杆菌污染的泡菜而丧命。其实日本在2002年，宇都宫市也曾发生大肠杆菌污染卤鸡肉与蔬菜的食物中毒事件，造成九人死亡，那次是肠道出血性大肠杆菌O157引发的集体中毒事件。

泡菜是否遭细菌污染，无法从肉眼察觉。最保险的对策是熟食，因为大肠杆菌经75℃高温就会被杀死。

大肠杆菌有一个克星是"辐射照射"，辐照的附带优点是抑制发芽、延缓果实成熟、促进果汁生产和增进再水合。但民众受到误导，

1　使用辐射并不会使物质具有放射性，因此可用辐射照射食物或消毒医院供应品。其解释涉及物理的库仑势垒（Coulomb barrier）或称库仑障壁，在此不谈。

就是害怕食品辐照，避之唯恐不及。

这些案例又显示民众不解科技的悲剧，盲目反对的后果，就是造成欧美日社会恐慌，消费者冤死。

善用微波，不被无知误导

另外，加热食物时，其中营养素的保存也是我们要注意的，而微波加热为当今最佳方式之一。使用微波炉加热食物，除了节约能源外，也比较不伤食物中的营养成分。

1946年，美国工程师斯潘塞（Percy Spencer）发现微波的加热功能，导致微波炉的发明。1947年世界第一台微波炉露脸。传统方法是用热传导烹煮，自外表逐渐加热食物。微波炉则是使用直接的策略：其电场在对水分子最有共振效应的频率上振荡，水分子就会随着正反向电场的振荡而彼此动态摩擦，于是温度逐渐升高。由于微波炉是对食物内部直接加热，大约可转换五成的电能到食物上，而传统的烤箱则只有一成。

微波炉内壁使用金属，金属表面如同镜子般可反射微波；至于炉内壁的涂漆又薄又不导电，装饰成分居多。许多人以为微波炉的炉门半透明又有孔隙，担心微波会跑出来伤人，例如伤眼导致白内障。其实，炉门内有金属网窗，网格尺寸远小于微波的波长12.2厘米（这是国际上规定的家用微波炉的微波波长），效果犹如坚实的金属壁（这是电磁学原理），一样能将微波反射，保持在炉内加热食物，不会外泄。关掉电源时，即无微波产生，食物中也不会存在微波。

太多人不解或误解能量和磁场的物理意义，以致胡乱想象辐射照射食物后会残留放射性、微波加热后会改变食物的"活力"而衍生致癌物。事实上，微波也是一种电磁波，能量比可见光和红外线都还要低（波长愈长，能量愈低），如果要引起食物变质等化学反应，需要的能量必须比可见光还高，例如紫外线。

我们也可以用其他方式来加热食物，譬如水煮、火烤、电锅蒸等，效果类似，总是将食物弄熟，亦即用高温来改变食物的特性。然而，我们会说"水煮会改变食物的活力"吗？

不解或误解事理的本质，凭空想象，只是徒增恐慌而已。

专题报道二
"卫生福利部"的叮咛

民众将心力放在"是否吃到转基因食品",实在是找错对象,更应该注意的,其实是食品遭受微生物污染等状况[1]。

预防食品遭受微生物污染

"卫生福利部食品药物管理署"建置"食品安全之健康风险评估资料库",已经完成的项目包括农药、食品添加物、重金属、环境荷尔蒙、生物毒素、病原菌、过敏原等。在此择例改写几项。

肠炎弧菌

目前肠炎弧菌造成的食品中毒发生率,在台湾地区排名第一。肠炎弧菌存在于温暖的沿海地区,在适宜的生长环境下(30℃至37℃),繁殖速度很快,可在12分钟到18分钟内繁殖一倍。

预防肠炎弧菌感染食品之道,包括:用自来水充分清洗生鲜鱼贝类,以低温冷藏方法防止肠炎弧菌繁殖(因肠炎弧菌在

---

1 2012年11月,台湾医疗改革基金会投书指出,台湾素有"吃药、洗肾"王国的恶名,民众用药量名列世界前茅。相较之下,食品的危害就较少。

10℃以下易致死）。还有，生食与熟食所用的容器、刀具、砧板应当分开。肠炎弧菌在60℃经15分钟即易被杀灭，食用前充分加热煮熟海鲜是最好的预防方法。

金黄色葡萄球菌

适合的生长温度为6.5℃至45℃。产生的肠毒素对热稳定，煮沸三十分钟仍不被破坏，必须持续煮沸两小时才会被破坏。

金黄色葡萄球菌对肠道内酶也有抵抗力，常存于人体的皮肤、毛发、鼻腔、咽喉等黏膜与粪便中，尤其是化脓的伤口，因此易经人体而污染食品。

仙人掌杆菌

可在10℃至50℃中繁殖，加热至80℃经20分钟即会死亡。易由灰尘与昆虫传播污染食品，食品被污染后，大多没有腐败变质的现象。除了米饭有时稍微发黏与不爽口之外，大多数食品的外观都正常。造成食品中毒的原因主要是冷藏不够。

沙门氏杆菌

引起的食品中毒事件，在世界各地常居首位或第二位，在台湾地区排名第四。耐热性低，煮沸5分钟可将其杀死。发生主因是受污染的畜肉、禽肉、鲜蛋、乳品、鱼肉炼制品等动物性食品，其次是豆馅制品等蛋白质含量较高的植物性食品。60℃加热20分钟即被杀灭，故食品应充分加热，并立即食用。

病原性大肠杆菌

大肠杆菌是人类和其他温血动物肠道中的正常菌种，所以食品一旦出现大肠杆菌，表示食品被粪便污染。大部分的大肠杆菌属于"非病原性的"，只有少部分大肠杆菌会引起下痢、腹痛等症状，称之为"病原性"大肠杆菌。出外旅游，最常造成"旅行者腹泻"的元凶就是大肠杆菌。另外，肠道出血性大肠杆菌来自烹煮不当的牛肉、生牛奶、受污染的水源。食物只要在75℃加热超过一分钟，即可杀死大肠杆菌。

肉毒杆菌

分泌毒素的中毒致命率，为细菌性食品中毒之冠。真空包装食品通常没有经过高温高压杀菌，因此一定要购买冷藏销售与保存的真空包装食品，购买后也要尽快冷藏。煮沸至少10分钟，且食物要搅拌，就可杀死肉毒杆菌。胀起盖子的罐头制品一定不可食用，一有疑问，切勿食用。

A 型肝炎病毒

易受污染的食品来源有冷盘、三明治、沙拉、水果和果汁、牛奶与奶制品、生鲜鱼贝类与冷饮。主要传染途径是粪口传染，预备食物前与进食前要洗手，如厕后要冲厕，用肥皂洗手。绝不生食。

黄曲霉素

黄曲霉素霉菌常会生长在含高量碳水化合物的谷类中，例如玉米、大麦、小麦、花生、燕麦、高粱、粟、豆类等。必须加热到260℃以上，才能破坏黄曲霉素。在极低的剂量下，即足以致癌。花生制品如花生酱、花生粉最好少吃——"卫生署"资料显示，受污染程度依小到大是：带壳花生、花生籽粒、碎块状花生、花生粉、花生酱。家禽类食入黄曲霉素的机会很高，所以应该少吃动物内脏，尤其是肝脏。食物发霉应立即丢弃。

澄清网络传言

以下摘录自"卫生福利部食品药物管理署"的询答系统，网址：faq.fda.gov.tw/Search/Default.aspx。

食物中毒喝优酪乳，能解毒？

优酪乳的乳酸菌可抑制其他有害菌的生长，但并非对已发生食物中毒者有助益，尤其食物中毒有很多种，病因除了细菌外，尚有化学物质、天然毒素等，所以"发生食物中毒喝优酪乳可解毒"的说法不正确。

食物添加糖精（阿斯巴甜）有致癌的可能？

美国国家卫生院已将糖精从致癌物质名单中除名。但是苯丙酮尿症患者因为无法代谢苯丙氨酸（阿斯巴甜的中间代谢产物），不宜食用阿斯巴甜。

每日摄取量在人体体重每公斤0.4毫克以下，并不会影响健康（阿斯巴甜的甜度约为砂糖的200倍，因此在食品中用量不高）。

烧焦的食品会致癌？

美国癌症研究协会于2000年公布，饮食中应"不吃烧焦食品"。烧烤食物时，烤焦的部分最好不要吃。

少吃勾芡对身体比较好？

太白粉以树薯块根提炼淀粉制成，新鲜的树薯块根含有微量毒性的氰酸。但加工过程中已将氰酸减至相当低量，而经烹煮亦可再降低氰酸量，故应不至于对人体有害。

三明治＋优酪乳＝癌症？

并没有科学研究证据显示，便利商店的三明治中，培根、香肠、火腿、腊肉等与优酪乳同时食用，会引起致癌物质。乳酸菌其实有助于减少亚硝胺的生成。

青菜含硝酸盐，会转变为亚硝酸盐而导致中毒？

并无"因青菜含亚硝酸盐或硝酸盐[1]而致死或伤害"的医学报告。亚硝酸钾可用于肉制品与鱼肉制品，如不添加，则无法抑制肉毒杆菌生长，容易造成肉毒杆菌中毒。

---

1 2012年11月的《科学发展》月刊，明道大学赖鸿裕团队为文《吃得安心——蔬菜与硝酸盐》指出，植物吸收硝酸盐，以制造生长所需的氨基酸与蛋白质。现代农业大量使用化学肥料，蔬菜及地下水的硝酸盐含量也较过去高。人体的唾液酶及消化道中的微生物，会把部分的硝酸盐转变成亚硝酸盐或亚硝基化合物，可能对人体健康产生危害。目前并无证据显示，蔬菜中累积的硝酸盐会对人体健康造成直接的危害。蔬菜也含有多种矿物质、维生素、纤维素等，如因害怕硝酸盐而谢绝蔬菜，就如因噎废食。

豆浆加鸡蛋，会失去应有的营养价值？

豆类缺乏甲硫氨酸，蛋则是优良的蛋白质来源。鸡蛋最好是煮熟再吃，而一般热豆浆的温度与作用时间，都不够让蛋煮熟。

常喝奶茶，易导致肾结石？

饮食中钙质过多时，会在肠道中与草酸结合，形成不溶解、不被吸收的草酸钙，大部分都由粪便排出。容易结石体质的人，不宜摄取过多的钙质外，还要注意含草酸高的食物，包括茶、可乐、草莓、巧克力、菠菜、核桃等。

茶叶蛋出现绿色？

蛋白中的硫，与蛋黄中的铁，会产生硫化铁，这就是便利店卖的茶叶蛋，蛋黄外缘呈现绿色的原因。硫化铁不会威胁身体健康。

A型肝炎的祸首是青葱与香菜？

烹调人员有A型肝炎或者青葱和香菜遭受水源等污染，会使青葱和香菜带有A肝病毒，应避免生食。

罗勒会致癌?

罗勒成分含有丁香酚,但截至目前,还没有相关科学文献显示罗勒会致癌。

不可食用有黑斑的番薯?

受到霉菌感染的番薯,会生成富良野萜烯类,对食用的动物造成肺部的伤害。故有黑斑的番薯片不建议食用。

不可吃未煮熟透的四季豆?

四季豆(菜豆)有毒成分主要为菜豆毒素、皂苷和胰蛋白酶抑制物,但可在持续高温作用下破坏。

蔬果残留农药,用水洗不掉?

残留于蔬果的大多数农药,可以大量清水冲洗或换水浸泡的方法,而去除大部分,剩余的少量残留农药不至于危害健康。经过加热烹煮,大多数农药会分解而减少毒性,炒青菜的秘诀是"大火快炒、不加盖"。

用水清洗只能去除蔬果表面的农药残留,差别只在用水量的多寡，以及如何洗掉清洁剂和减少营养成分的流失。因此用水浸泡片刻，再仔细冲洗是最好的方法。有些物理或化学的清洗方法会破坏蔬果的组织，影响其风味。放置太久或浸泡太久，也会使蔬果营养流失，却无法去除已进入植物体内的农药残留，因此不需要这么做。烹煮也可以使残留的农药加热分解、随蒸气挥散或溶入油水中。

附带指出，"农委会"经常发布抽验本土蔬果报告，例如在2012年7月，共抽样1 295件，合格者1 244件（96%）、不合格者51件。不合格蔬果已于验出当日，通知农民停止采收，并要求所属辖区农业改良场、县市政府追踪、辅导及依法查处。选购蔬果以当季盛产优先，如仍有疑虑，则建议选购具有标章的产品，因其农户皆有登记，且经农业改良试验场所训练辅导，产品有保障。

第 五 章

基因流动与杂草问题

讨论了转基因风险的健康效应之后，我们来谈谈转基因的另一风险：对环境的影响，包括是否有产生超级杂草的顾虑。

基因流动是什么？

有些人担心转基因作物产生的花粉（带有改造的基因），会流动到别的作物上，让后者也具有转基因作物的特性，例如抗杀草剂，结果可能弄得到处都是"转基因成分"——这个让许多人担心的现象，就称为"基因流动"（gene flow）。

基因流动牵涉到生物因素和物理因素。生物因素是指植物特性、繁殖力、花粉释放方式、杂交亲和性、开花时间、配子接合性等等。物理因素是指传粉媒介、植物之间是否有障碍物存在、种植规模、距离等等。基因流动的风险可因作物的特性而不同，例如，风险的大小可依无性繁殖、自交作物、虫媒作物、风媒作物的顺序而逐步增加，又可因是否有本土近亲物种而有所不同。自交作物和封闭授粉的植物属于低风险者，包括马铃薯、烟草、豆类、小麦、大麦、不开花的植物等。

基因流动可区分为"水平基因流动"与"垂直基因流动"。所谓水平基因流动，是指转基因植物的外源基因，经由自然界的细菌、病毒、嗜菌体的转移，而流动到不同种甚至不同生物界的生物体内。水平基因流动在自然环境或者人类的肠道中原本就会发生，是细菌进化的途径之一。实验室的研究结果显示，转基因植物的外源基因转移至细菌体的频率非常低，约一千亿分之一。加拿大科学家以转基因的小麦喂牛，再由牛的排泄物中分析是否带有转入的外源基因，结果显示并未发现完整的外源基因，因此该外源基因透过家畜摄食后的排泄物、再水平流动的风险甚低。

垂直基因流动则是指：转基因植物和其近缘种的植物透过杂交授粉（有性生殖），所产生的同一种群之间的基因流动。当转基因植物释放入环境后，有可能经由花粉传播，与原本存在的母本植物或近缘植物发生杂交，而产生许多带有外源基因的子代。除花粉外，包括种子、果实、孢子等繁殖体，也有可能导致垂直基因流动，但目前主要集中于花粉传递。植物基因会流动，主要是花粉被风和虫媒带着走。

2000年，英国生物技术与生物科学研究委员会（BBSRC）和自然环境研究委员会（NERC）两个委员会，合作研究转基因植物基因流动的可能性、基因流动的可能后果。在2005年，结论是分隔作物就可限制基因流动，而转基因作物的基因流动到土壤中的细菌，机会是"微乎其微与很不可能的"。至于传统育种的油菜和其野生近亲杂交，在英国每年约有32 000株杂交作物，但杂交株并非"健康"植物，也几乎不孕，并无基因流动的疑虑。

2001年，墨西哥（全球玉米的生物多样性中心）发生转基因玉米经由异花受粉，而污染当地野生种的情况；但后来发现只是子虚乌有的乌龙事件。

花粉必须"性相容"（sexually compatible）才有繁殖作用，例如玉米花粉必须落在玉米株上，才会有生殖作用，落在其他种植物上头，并不会有啥反应。事实上，你也可以把"花粉授精"这个旧名词，改称为"基因流动"这个新名号，让很传统的生物行为摇身一变，好像成为尖端生物科技一般。换句话说，基因流动不是人为的新玩意，自然界老早就在进行；基因流动也有很大的局限性，不太可能一发不可收拾。可是这个名词一旦被套用在转基因议题上，就好像被污名化了。

民众所担心的基因流动，其实是担心新基因"污染"了原生种、甚至驱除原生种。但是在墨西哥玉米的例子，玉米基因一直在流入和流出原生种，转入基因出现在原生种中，就表示某项资源永远失落了吗？其实原生种一直在改变中，但却没消失；相反的，加上转基因，它们更多样化了。不像其先祖类蜀黍，近代玉米若没有人类帮助，就无法繁衍——近代玉米的核仁紧紧固定在穗轴上，需要人为干预才能释放，不会自行散布。玉米已是在强大的人为挑选中，天择在此无作用。

作物和其野生种之间的基因流动，到底是不是问题，就看你怎么想：在哪里种作物？附近是否有野生种能杂交？如何处理野生种？转基因花粉为基因污染之源或是新基因之源？你是有机种植者或是勉强糊口的贫农？

——费多罗夫，美国国家科学院院士

基因流动常被认为是转基因作物的危险所在，但就如瑞士伯恩大学植物园长安曼（Klaus Ammann）的说法，基因流动一直在各种不同原生种中发生，也在各种新品种作物中发生，即使这样，各式各样的苹果或谷物，许多年来一直很稳定，而其特质也没有消失。美国植物分子遗传学教授普拉卡什（C. S. Prakash）认为，将"基因流动"标记为"基因污染"是个错误，是在自然现象中加上挑拨情绪。

防止基因流动的策略

针对许多人担心的转基因作物之基因流动，科学家提出两种防范策略，一是实体隔离，二是基因围阻。

实体隔离必须在农作环境的每一个生产阶段都要执行：作物必须隔离种植，种地附近无其亲近物种或杂草；且要有轮作[1]、休耕；更好的方式是专业农场，包括专门的收割设备、交通运输、作物处理、干燥、存储系统[2]。

实体隔离的种植由来已久，并不限于近代出现的转基因作物。例如在加拿大，农民会同时种植两种非转基因油菜籽品种，一是高芥酸油菜籽品种，此天然品种含高量芥酸，人食用会中毒，这是种来萃取作为工业润滑剂用的；二是低芥酸油菜籽品种（经育种改良），称为油菜籽（canola，名称来自Canadian oil，low acid的首字母；彩图21），芥酸含量低于2%，适用于烹调油。在油菜生长（彩图22）和加工时期，加拿大农民已开发出例行作业系统，可分开这两个品种。

美国的做法是，转基因厂商必须事先实验，知道作物的花粉会在田间飘送多远，然后在种植前，必须调查清楚种植区域附近的植物生态，确认花粉飘送的距离内，没有可交叉授粉的植物，以避免产生基因流动的现象。另一做法是安排相邻区域种植不会交叉授粉的植物，例如，在大豆旁边种植玉米。

美国环保署规定，种植转基因苏云金芽孢杆菌作物的农人，必须挪出部分农地种植传统作物。（苏云金芽孢杆菌是一种昆虫病原菌，会杀死特定昆虫，但对于目标昆虫以外的生物完全无害，所以被视为环

---

1 基因流动与超级杂草这两个问题，点出农作管理（轮作和转换除草剂）的重要性。2001年2月《自然》期刊上有篇报告指出，在一项长达十年的研究里，英格兰种的转基因马铃薯、甜菜、玉米或油菜，都没发现像杂草那样能使近亲种受精的情形。
2 日本超怕基因流动，隔离做法包括"闭锁式温室"，排水经高温处理，排气要通过高效率空气滤片才排放出去。

喷洒苏云金芽孢杆菌的效果对照。左边喷洒了苏立菌，右边没喷洒，菜都被虫咬了。
（图片来源：Wikimedia Common）

保杀虫剂，详见第七章的"苏云金芽孢杆菌的故事"。）

　　举例来说，这些"收容所"（refuge）可以种在转基因苏云金芽孢杆菌作物栽植区外的某个角落，也可以种成一排，把转基因苏云金芽孢杆菌作物一分为二。在收容所里，已具备一点抗苏云金芽孢杆菌毒性的昆虫，与没有抵抗力的个体交配繁殖，就会稀释抗毒能力。根据孟山都公司的说法，转基因苏云金芽孢杆菌作物的商业栽植已经五年了，还没有发现能抗苏云金芽孢杆菌毒性的昆虫。该公司声明，种植转基因苏云金芽孢杆菌玉米和棉花的农人，约有九成遵守规定设立收容所。

　　生物技术公司的立场也是不希望基因流动的状况产生，因为如果在短短数年间便产生抗药性昆虫，多年的研究成果便无法回收。因此，如何避免过大的环境压力、减缓昆虫抗药性的产生，是生物技术公司的重要课题。以孟山都的抗虫棉花为例，该公司便要求契约农民必须"种植4%非苏云金芽孢杆菌基因棉花，且完全不喷药"，或"种植20%非苏云金芽孢杆菌基因棉花，但可喷用非苏云金芽孢杆菌的农药"，以避免过大的生物压力[1]。

实体隔离相当费力，植物的各个生长阶段都需要注意到。至于"基因围堵"就可用科技方法执行，包括：（1）利用现有的不孕和不兼容系统，以限制花粉的流窜；（2）运用"基因使用限制技术"来干扰生育或种子的形成（请参阅第七章）；（3）转移外源基因到目标作物的叶绿体基因组，因为在许多植物里，叶绿体为母系遗传，不包含在花粉中。[2]

"超级杂草"并没啥超级

媒体喜欢发布"抗除草剂转基因植物及其野生近亲导致'超级杂草'"的头条新闻，但是超级杂草并没啥超级，它们只是可容忍某一种特定除草剂的植物。已出现在传统农作中的所谓超级杂草，其实可用不同的除草剂或轮作方式去除。

一些环保团体力倡"转基因将促成超级杂草的兴起，导致环境毁

---

1 美国的对策为：（1）设置收容所；（2）高毒性：抗虫基因转殖作物所表现的毒性成分必须足够，杀虫效果须达到使绝大多数目标害虫致死的程度，以降低抗性虫的种群密度，避免互相交配而产生抗性后代；（3）如果次要害虫崛起危害，则须尽快防治。
2 美国奥本大学植物与微生物教授丹尼尔（Henry Daniell）等人，在《自然·生物技术》发表论文《以叶绿体基因组的遗传工程围阻杀草剂抗药性》，描述其发现。这个研发成果已获得专利。

灭"。诺贝尔生理医学奖得主沃森，语气坚定地回应：担心抗杀虫剂的基因会透过物种间的杂交，从转基因作物转移到杂草，固然是可想象的，但不可能大规模发生，因为跨物种的杂种一般很脆弱，竞争力不足，不适于生存。当其中的物种已经驯化，在人类特别照顾下才得以繁衍时，此情况更明显。

假设抗杀虫剂基因的确进入杂种种群，也存活了，但这不会是世界末日，事实上是农业史上经常发生的案例。害虫在面对根除它们的企图时，抵抗力也会跟着增加，著名例子是使用DDT之后，害虫进化出抵抗力。

农夫经常使用杀虫剂时，人择就会筛选出抵抗力强的物种（进化是个聪明能干的对手），结果是科学家必须从头再来，研发更厉害的杀虫剂，而害虫又进化出抵抗种；然后整个过程又翻新重来。害虫抵抗力的增强实在是"绝境中逼出"的结果，并非针对转基因而来，天择进化正是自然界的现实。

2001年2月7日，英国广播公司发布《转基因作物"超级杂草说"受挑战》指出，一项历时十年的研究结果发现，转基因作物不会变成超级杂草。因为环保人士担心，转基因作物可能与野生植物杂交，产生像杂草一样蔓延生长的作物后代。然而，英国伦敦帝国学院的科学家发现，土生杂草植物在杂交后，最终将取代转基因作物或普通作物，而寻常作物的寿命会比转基因作物的寿命更长。

最近《自然》期刊发表结果显示，经过四年的杂交后，大多数作物均不复存在；十年后，仅有一种寻常的非转基因作物仍然生存。转基因因素不会帮助作物在野生杂草环境中存活，所谓"超级杂草"并无生态上的优势。

转基因作物没比非转基因作物更伤环境

2010年，美国国家研究委员会（由美国国家科学院、国家工程院、国家医学院三院组成）发表声明："一般而言，对于环境的负面影响方面，转基因作物比起非转基因作物（传统农作生产）更少。"同年，欧盟也发表报告指出，转基因作物本身并没比非转基因作物更具风险。

即使保护者也有相同的观点。在2004年，世界自然保护联盟（IUCN）要求停止释出转基因生物，但在2007年，却发表报告指出，并无明确证据显示，上市转基因生物对生物多样性有直接负面的影响。一些转基因作物会生产化学物质，杀死咬食的昆虫，就可少用农药或不用喷洒杀虫剂，比较不会伤及无辜（周遭生物），所以较不影响生物多样性。

1998年，英国开始为期四年的"农场规模评估"（Farm Scale Evaluations）转基因抗除草剂作物，这是有史以来最大规模的转基因作物环境影响评估，共涵盖超过两百处农地，研究对象是转基因与非转基因的四种作物：冬播油菜、春播油菜、甜菜、玉米。

2003年发表了研究成果，结论是：（1）对于春播油菜与甜菜，非转基因作物比转基因作物有更多的杂草及杂草种子，可提供昆虫（蝴蝶和蜜蜂等）住所和食物，杂草种子也是农田鸟类非常重要的食物；（2）对于玉米，则情况与上述相反；（3）对于冬播油菜，没有差异。

不过，研究者强调：各种差异的原因并非转基因作物所致，而是农夫使用了不同的管理方式（包括除草剂用量不同）；仔细比较各种场地的生物多样性，会发现"不同作物"导致的差异，比"转基因与传统"导致的差异还大。

基于这项大规模的研究，英国政府批准了转基因抗除草剂玉米的种植。但是反转基因者不明就里，却诠释为，此研究结果表示转基因作物对环境有害。

2002年，美国农业科学技术理事会（CAST，1972年成立的非营利组织，来自1970年美国国家科学院主办会议的衍生），出版《比较转基因大豆、玉米、棉花及其传统植物的环境冲击》，结论是：包括生物科技产生的大豆、玉米、棉花等，并未构成与传统育种所得作物有别的特殊环境风险。

大约同时，另有研究显示，转基因作物在自然栖息地的长期表现（4种作物、12块栖息地、前后10年），转基因作物的入侵性与久存性，均未高于对照的传统作物。[1]

台湾"农委会"的评估

为了回应民众担心转基因作物对环境的影响，台湾"农委会"专家也研究了其中各式议题。首先是野化[2]问题，抗除草剂大豆与玉米等作物是否会野化为"超级杂草"？

转基因作物野化的可能途径有二：（1）抗除草剂作物由于导入的基因，使其产生具有杂草特质的适应力与竞争力；（2）抗除草剂作物

---

1 更早的1997年，德国AgrEvo农业公司（已并入拜耳公司）已测试过耐除草剂油菜，评估项目包括发芽、种子生产、净代换率、竞争力（株数与生物量）、侵略指数、农艺性状、抗病虫力、环境逆境反应、种子发芽（室内测试、田间自生种群）、残留效力与对其他除草剂的敏感度（化学休耕状况）等。这些项目中，仅少数测试地点的转基因油菜有成熟期延长现象，其余均与对照系统无差异或更不具杂草性。
2 野化作物是指：在农作过程中，上一季留存于原地而具有杂草化趋势的作物。减少转基因作物野化的策略是采取轮作方式，以降低野化作物的基因交流。

和它的野生近缘种杂交，经由花粉传播形成基因流动，而成为具有杂草优势的近缘种。

"农委会"专家指出，英国伦敦帝国学院于1990年起，针对转基因玉米、甜菜、油菜、马铃薯等，进行繁殖力与环境耐性的田间试验，结果在四年内，四种转基因作物皆自然死亡，且玉米、棉花、大豆等作物一旦离开栽培环境，便不易存活。虽然抗除草剂油菜可于非耕地存活，但在缺乏药剂的环境下，抗药基因亦不具特殊功能。同时，抗草甘膦作物并不会产生大量种子，其产量与传统品系没有显著差异。因此，转基因作物在非栽培环境中，不易发展为"超级杂草"。

其次是基因污染问题，加拿大为转基因油菜的主要生产国，约有八成油菜携带抗除草剂基因。当地的研究显示，栽培种与野生种的杂交比可高于13%，但与其他十字花科野生种的杂交率则甚低。加拿大抗除草剂小麦的研究也显示，花粉污染的问题不大。

一般而言，自交作物的天然杂交率很低。俄罗斯的研究结果显示，转基因大豆仅在授粉的状况下，有少数可与野生大豆杂交结实。中国大陆的研究则发现，水稻的基因可于自然状况下，转移至近距离的野生稻。但是在缺野生近缘种的地区，此类污染不具重要性。

中国台湾栽培的作物大半源自其他地区，本地多无同种或同属的野生植物，将来若要种植转基因作物，这方面的问题不大。

"农委会"评估的第二个议题是转基因作物对土壤微生物的影响，结果显示：转基因木瓜与非转基因木瓜土壤的溶磷细菌、固氮细菌、蛋白分解细菌种群数，于试验期间变动不大，均无显著差异。而在种植转基因木瓜的土壤中，总细菌数比种植非转基因木瓜的土壤总细菌数低。在土壤微生态试验中，也无抗药性基因移转现象。

　　总体来说，转基因植物多仅涉及单一或少数基因的改变，对环境可能的影响远低于外来入侵植物，因为任何入侵植物均可将其全部基因引入环境。

　　台湾地区入侵植物的问题非常严重，低海拔地区肆虐的种类有近百种，菊科的入侵植物即有小花蔓泽兰、银胶菊、香泽兰、大花咸丰、猪草、美洲阔苞菊、翼茎阔苞菊、扫帚、加拿大蓬、紫花藿香蓟等种类，经由侵占栖息地、排挤弱势植物、改变关联物种等方式，造成高度危害。精耕农地以外的栖息地中，满目所见，多为入侵植物。

　　台湾地区目前研发的转基因植物，如木瓜、水稻、番茄、甘蓝菜、菊花、瓜类等，多属高度驯化或野生力弱的种类；与外来入侵植物相较之下，转基因作物的杂草风险实在微不足道。

第 六 章

反转基因的源头

转基因作物的争议不断，大致上是聚焦在杀虫剂抗药性、基因流动、知识产权这几个议题上。但是这些议题并非转基因特有的问题，而是各种农业过程都会面临的问题。事实上，对于非转基因作物也应该考虑这些问题，只是，由于生物技术作物受到超级关爱，相对的，非转基因作物就"轻易过关"了。

为什么会"厚此薄彼"？细究之下，可知反转基因的风潮有一个哲学源头，即"预警原则"。这理念虽好，却容易引起副作用：无知生恐慌。

预警原则是什么？

预警原则（precautionary principle）意指："当任一活动有对人类健康与环境产生伤害的风险时，即使科学上的因果关系尚未完全建立，亦应采取相应措施，以避免此一风险。"

这个原则始于1960年代德国的"Vorsorgeprinzip"（预防原则），逐渐为环保人士多加推广，例如1992年地球高峰会议的里约宣言："为了保护环境，各国应根据自己的能力，广泛应用预警原则，在有可能造成严重或不可逆的损害时，不得使用缺乏充分的科学确定性为理由，延迟采取符合成本效益的措施，以防止环境恶化。"联合国生物多样性公约的缔约国，于1995年决议制定的生物安全议定书（Biosafety Protocol），是现有国际公约中，延伸涵盖预警观念最广的条款。

欧盟对于转基因风险评估，正是采取防患未然的预警原则，其预防是以"程序"为依据，和美国以最终"产品"为依据不同。因此，所有的转基因产品在欧洲皆须纳入规范，即使转入的基因来自相同物种，也不例外。

美国和加拿大这两个转基因作物大国，很反对其他国家拿生物安全议定书当挡箭牌，因为根据此一预警原则，进口国可宣称转基因对环境或人类健康"可能有害"，即使缺乏科学根据，就可拒绝转基因产品进口。而这张挡箭牌，与世界贸易组织"限制贸易须有科学证据为依据"的精神，是相冲突的。美加两国强调，全球将于2020年达75亿人口，饥荒问题已迫在眉睫，而转基因作物有助于全人类粮食的需求。另外，美国农产品输出庞大（1999年已达500亿美元），此重大经济利益，也是美国反对生物安全议定书的原因。

细究预警原则的利弊得失

世界卫生组织认为预警原则的目的，是在引入科技之前，预测和回应可能的威胁；但也承认预警原则相当受争议，因为缺乏明确定义，诠释预警原则的意义时，会有混淆。例如，不少人就会这样主张："即使缺乏有害的证据，但也不表示其为无害，必须证明无害后，才能将其引入。"又如，在海岸生态保护上，实施预警原则就会遇到很现实的难题：如何保障当地渔民的生计权益？如何权衡经济上的得失，以求可持续经营？保护或开发都不是零风险时，该怎么办？如何避免激进人士滥用此一原则？

人生本就充满风险，即使吃东西也会噎死，但古人早已知道不要"因噎废食"。40万年前，人类发现火时，可以想见赞成和反对两派，应该争论过用火的风险，若反对派赢了，今天文明就不是这样了。

其实，反对新科技或产品（的风险），同时就是拒绝其优点或福祉；滥用预警原则，就是"注意某些风险，而忽视其他风险"，这不就表示我们无法适应风险吗？

　　滥用预警原则者认为不实施新科技，就能撤除风险吗？害怕转基因者谢绝转基因，以为这样就无食品风险吗？事实上，反对转基因者由于不了解或误解基因科技、不明白转基因对人与环境的利益远大于伤害，结果不但妨碍了科技创新及其潜在的福祉，也延续了传统农作食物对人与环境的伤害。

　　很明显的，生活中处处可见"权衡、取舍"（trade off）利弊得失。例如，是否使用车子？虽然车祸伤人，但民众赞成开车，因为汽车对人的福祉多于祸害（至少这是当今的社会认知）。即使DDT杀虫剂危害许多生物，但国际上还是赞成有条件地使用，因为不用的代价更高（例如贫穷地区太多儿童死于疟疾）。

　　2010年，有个美民众瓦格纳（Walter Wagner），上法庭控告美国国家科学基金会与能源部，因为他担心欧洲核物理研究中心的大型强子对撞机（Large Hadron Collider）进行的实验，可能造成黑洞，会毁灭地球，因此会害到他。法官驳回："要造成伤害总需要一些'可信的危害威胁'，瓦格纳指控大型强子对撞机的实验有'潜在的不利后果'并不可信。"法官认为他瞎猜未来，杞人忧天。

　　英国物理学家暨皇家学会院士多伊奇（David Deutsch）认为预警原则是盲目的悲观主义，妨碍知识的发展。

　　宏观而言，对于某科技（或任何事物和观念），我们总是可以看到两个极端，一个极端是毫无节制的采用，另一个极端是除非证明无害[1]，否则谢绝不用。采取任一极端均不得体。当然，预警原则有其优

1　如第三章描述，我们不可能证明"虚无假设"（null hypothesis），因此不可能证明无害。

点，例如提醒我们不可鲁莽，要"三思而后行"。

1965年诺贝尔生理医学奖得主、法国生物学家雅各布指出，所有的光明都会有阴影，所有的善均包含恶。

英裔美国著名物理学家戴森（Freeman Dyson），2003年评述反转基因风潮时，也有一番精辟的见解：

> 359年前，英国担心书籍会污染国民灵魂，当时英国国内正遭逢血腥的宗教战争，分歧的教义是导火线，因此书籍不仅污染灵魂，还使千万生灵涂炭；英国国会认为让书籍任意出版流通，会造成非常严重而无法挽回的后果，因此要事先审查。但是著名诗人弥尔顿（John Milton）反对："假设我们能以此法除去邪恶，请注意，我们除去多少恶，也等于除去多少善，因为它们是一体的两面，除去一面就两面皆除。"

风险认知：应尽量用几率来表达

风险专家大致主张，诸如在开车（较高风险）与搭飞机（较低风险）之间做比较，为何民众会更害怕较低风险的事物呢？因为人们面对恐惧时（一想到飞机不出事则已，一出事往往造成重大伤亡），更倾向于情绪和直觉。另外，可控制程度（开车是自己控制，搭飞机是别人驾驶）、负面（癌症的治疗过程和死亡率让人害怕）、人为甚于自然[1]、熟悉度等，也是影响要因。

拿风险专家的体会，来看待转基因，就能明白惧怕转基因为什么蔚为风气了：因为转基因无法凭直觉来理解，它需要相当的科技知识；

1　美国一年7 000人死于阳光所致的黑色素瘤，但是许多爱晒太阳者更担心核辐射，虽然后者（人为辐射）的致癌率远低于前者（自然阳光）。美国民用核电已经超过50年，但没导致一人死亡。

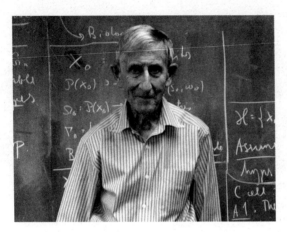

戴森是一位才智超群的
通人，通晓数学、物
理、生物、英国文学等
学问，著有自传《宇宙
波澜》《全方位的无限》。
（图片来源：Wikimedia
Common/Monroem）

转基因不在自己的控制之内，而是科学家和农业公司在操控；听人家说
转基因食物会致癌或致敏；基因改造是人为的，而非"天然"存在的
（很多人并不知道传统食物也是转基因食物，传统食物来自传统育种者
把植物基因大杂烩）。总之，只要有人起哄，民众就会担心转基因食物。

　　许多人喜欢喝咖啡，一杯咖啡含上千种不同化学物质，仅有22种
经过检验，其中17种具有实验动物致癌性。单一致癌实验测试约需费
时3年、25万美元以上，要完整证明咖啡的安全性几乎不可能，但是
大家照喝咖啡。但似乎没见过有人引用预警原则，来反对种咖啡、反
对烘焙咖啡。

　　2008年2月29日，有媒体报道"肥胖比911恐怖攻击还危险"：肥
胖及其他文明病造成的死亡人数，超过数百万人。美国法学教授戈斯
丁（Lawrence Gostin）在牛津健康联盟高峰会上指出，全球恐怖主义确
实是一大威胁，不过危险性远低于肥胖、Ⅱ型糖尿病、与抽烟有关的
疾病。戈斯丁说："我们对恐怖主义投注太多注意力，却对全球造成数

百万人丧生的肥胖问题默不作声，我们投注太少注意力，投入的经费也微不足道。"

有人认为，风险评估是以"冰冷的"统计数字（几率）来衡量，但民众的认知则是主观直觉的利害关系，反映于"一旦罹病就是0与1的差别，而非几亿分之一的问题""不要跟我讲几率，一旦降临，都是百分之百的灾难"。恐惧往往左右了判断，更大的恐惧则扭曲了判断。

现代生活似乎危机四伏，于是我们不能吃东西了（什么都有毒），也不能不吃东西（会饿死）；不能呼吸喔（空气中也有毒性物质），也不可不呼吸（会脑死）；不能在家（若地震会被塌屋压死），也不能不在家（出门会遇车祸）……什么都担心，就什么事都不能做！"不管发生几率大小，生活中就是不允许有任何风险"，但这是不可能的。

社会不理性的部分原因是民众不理解科学，毕竟有些科学远超乎普通常识之外，而且当今科学领域专业分工精细而艰深，确实会隔行如隔山，"无知导致恐慌"的情景自然层出不穷。

风险评估的风险——糖精的遭遇

1879年，美国约翰霍金斯大学达尔伯格（Constantine Dahlberg）无意中合成糖精。1901年，糖精在美国开始制造，1906年获准当甜味剂，让人享受甜味而不担心变肥，糖尿病患者也可享用。到了1959年，由于已经有50年安全使用的记录，美国食品药物管理局认定符合"一般视为安全"（GRAS,Generally Regarded As Safe），而且在动物实验中均发现糖精的毒性很低。

不过，有人发现大鼠实验出现膀胱肿瘤，结果美国和加拿大在

合成糖精的达尔伯格（右）与女儿。糖精每日摄取量在人体体重每公斤0.4毫克以下，并不影响健康。

（图片来源：Wikimedia Common/Mr.H. Birkenstock）

1979年禁用糖精。可是后来有更多实验支持糖精的安全性，美国于是在1991年撤销禁令，但在包装上要标示实验动物会致癌。一直到2000年，才取消致癌标示，因为进一步的验证发现，宣称负面结果的论文，其实来自错误的实验方式。

可见，风险评估本身也藏有某种风险。进行风险评估之后，应该要很平衡地提出利弊得失。例如，母乳中含有戴奥辛[1]，但是哺乳对婴儿好处多多，远胜过风险。

基因科学家的理性约束

早年有人担心：肿瘤病毒的DNA在大肠菌中繁殖，是否会导致癌症？是否所有脊椎动物的DNA试验都有潜在危机？

1　戴奥辛的一种持久性污染物质，毒性极强，微量的暴露及吸入，可能会产生严重的健康损害或致命的危险。——编者注

1973年，斯坦福大学正式宣布重组DNA实验成功，让一些人更忧虑，甚至抬出"神的权杖"来挡驾科技研发。

斯坦福生化教授伯格（Paul Berg，1980年诺贝尔化学奖得主）于1975年，号召专家（生物学家、律师、医生、伦理学家）在加州召开"阿西洛马重组DNA会议"（Asilomar Conference on Recombinant DNA），研拟自愿的研发准则，以确保重组DNA科技的安全。此会议也将更多的科学研究放在公共区域，让一些人觉得是在实施预警原则。基于潜在的安全顾虑，当时全球科学界主动暂停各式重组DNA实验，直到会议准则完成后才继续。

然而会后，美欧禁止涉及致癌基因的重组DNA研究，弄得基因工程研究停摆。但是经过长期多次试验后，科学家发现重组DNA的危险性非常低，于是美欧政府又放宽准许选殖病毒的致癌基因。

25年后的2000年，科学界又召开"国际重组DNA分子会议"。这两次会议均为科学界的"自我约束"，例如其中一项建议是，政府应监督重组DNA研究，以确认其技术安全性。

有些基因科学家认为自己人太保守，其实在第一次会议后，已经够慎重而"自捆手脚"了，这使得研发太浪费资源（包括消毒剂、时间等等）。可惜，反转基因者却把相隔25年的这两次会议，解读成科学家的"犹豫"与"逾矩"。反转基因者深知群众运动的妙用，以危言耸听，有效地把环保人士、卫道人士、养生人士聚集起来。

　　把闪电当作天怒时，我们只能祷告；
　　但是将它归类为电时，富兰克林发明了避雷针。

　　　　　　　　　　　　　　——语言学家早川雪，前美国旧金山州立大学校长

　　只要有新科技，总有人抬出"扮演上帝吗？"的口号抗议，也责难转基因科学家侵犯大自然的运作，是不自然、不道德的。

　　在美国，最有名的反转基因领袖是名嘴里夫金，他在1977年出版一本书，书名就叫《谁可扮演上帝？》。许多科学家认为他是个自吹自擂的科学大外行，《时代》周刊称这位"俨然专家"为"科学界最痛恨的人"。

　　在欧洲，很多人认为转基因种子违反自然法则，卫教之士怒斥基因科学家侵犯了上帝的职权。

　　在日本，直到2009年仍没有种植任何转基因作物，日本消费者强烈抗拒转基因食物进口。因为日本的宗教认为人与人相关联、人与植物相关联、人与地球相关联，转基因则破坏此联系。

　　上帝（和大自然）通常是沉默的，谁可代表上帝发言呢？我们来听听梵蒂冈宗座传信大学教授鲍里斯（Velasio DePaolis）怎么说："当你饱肚时，就容易拒绝转基因食物。"是的，饱食终日的人，很难体会三餐不继、营养不良的贫穷人的苦难。2009年梵蒂冈"宗座科学院"主办转基因生物的研究年会，结论指出：转基因生物改善了穷者的生活，因此值得赞赏。

"绿色和平"吹皱一池春水

　　近几年来，全球反对转基因最激烈的，首推国际绿色和平组织。这组织在全球各地的影响力无远弗届，台湾反转基因人士也常引述其发言。

　　国际绿色和平组织起源于1971年，一群美加人士组成抗议队伍，乘渔船试图亲身阻止美国在阿拉斯加的核弹试爆。从此，亲身到达破坏环境的现场，成为表达绿色和平组织及其支持者，抗议破坏环境行为的重要方式。这些斗士的理念甚佳，绩效也颇获人心，因此当他们极力反对转基因作物时，民众立即响应。

穆尔（Patrick Moore）是国际绿色和平组织的创建者之一，为生态学家，他后来认为绿色和平组织的路线走偏了，热衷于使用恐吓和误导为手段："环保运动放弃科学与逻辑，偏向情绪化与煽动性。"穆尔便与绿色和平组织渐行渐远了。

穆尔在2006年演讲支持转基因作物："必须面对的事实是全球60亿人，每天一早醒来就需要食物、能量、物质。"

在绿色和平组织六年后，我发现其他四位主任缺乏正规科学教育，思维不科学……绿色和平组织募款的来源，乃建立在民众的恐惧心理之上；例如绿色和平组织决定支持"禁止饮用水加氯"，但是科学证据显示那是利多于弊。绿色和平组织缺乏科学知识，而好用"恐慌术"行销。

——穆尔，《我为何离开绿色和平组织》
2008年4月22日《华尔街日报》

绿色和平组织指责转基因的论点是："以不自然发生的方式操纵基因，转基因让科学家创造植物、动物、微生物。这些转基因生物能在自然界散布，与自然生物杂交，因此，以不可预见和无法控制的方式，污染非转基因环境与未来世代。其释出为'基因污染'，这是最主要的威胁，转基因生物一旦释放到环境中，就无法撤回。基于商业利益，公众被剥夺了了解食物链中转基因成分的权利，因此即使有些国家存在标示法规，公众还是失去避开转基因产品的权利。我们必须保护生

绿色和平组织升起热气球，"要求停止全球暖化"。绿色和平组织理念甚佳，但是有时偏颇、欠科学素养，甚至走极端。
（图片来源：Wikimedia Common/Salvatore Barbera）

物多样性，并且尊敬其为人类的全球传承，它是世界的生存基本关键。"

　　绿色和平组织又认为："转基因生物不可释放到环境中，因为我们对它的环境和人体健康影响，并无足够的科学了解。我们主张立即采取临时措施，例如标示转基因成分，并且分隔转基因的与传统的作物和种子。我们反对所有的植物、动物、人类（及其基因）的专利，生命并非产业商品，当我们强迫生命形式和我们的世界粮食供应，以符合人类的经济模式而不是自然的模式，我们这样做只是危害自己。"

　　本书前几章，已经分析和反驳过这两段主张中的错误观点，这里就不再一一驳斥了。"保护生物多样性"原本就是科学家率先呼吁的，例如第一章提过的美国哈佛大学教授、有"生物多样性之父"尊称的威尔逊。而人类基因不应获取专利权，也是学术界科学家的共识。曾担任"人类基因组计划"主持人、现任美国国家卫生研究院院长的科林斯（Francis S. Collins）就写道：

我们所共有的这份人体使用手册，包含的信息实在是太重要了，还待更多的研究帮助我们深入了解它的功用，如果在这些研究发展的早期便进行专利化，就好像在这条探索之路上，设置大量无谓的收费站。[1]

纵观上述，可知国际绿色和平组织"爱心有余，科技知识不足"，数十年来的转基因科技知识（包括传统食物就是转基因食物）居然成为"无足够的科学了解"。十足印证了创始人之一的穆尔所言"缺乏正规科学教育，思维不科学"。[2]

过度反应的悲剧：破坏田间试验作物

在美国、英国和一些欧洲国家，许多转基因试验作物经常遭到破坏，光是公有的研究实验，已有多件破坏记录。抗议者宣称，破坏作物可以创造曝光的机会。

这些抗议者主要的顾虑是，转基因作物污染现有作物，破坏既有市场（有机农产品的市场）。其实，田间试验时，科学家已经采取了许多预防措施，尽量降低风险，也声明污染的风险是很小很小的。然而，抗议者就是不愿相信。科学家提出需要转基因与进行田间试验的理由，

---

1 出自科林斯所著的《基因救命手册》。此书的主旨是：我们正来到一场医疗革命的开端。由于DNA测序技术的飞速进展，以及费用的急剧下降，不用多久，我们都能取得自己基因组的完整序列。我们将能有更多机会探索自己身体里暗藏的秘言，更有效率地预测未来生病的风险，为自己建立一套预防疾病的个人化方案。

2 另一个反对转基因的著名组织为"国际地球之友"，他们说："转基因生物已经在我们的食物中，全球数国生长转基因作物，但我们不知其是否安全。在世界各地，地球之友鼓吹，将转基因生物排除在我们的食物和环境之外。"这种说法罔顾了世界卫生组织与美国国家科学院等机构的声明，忽视科学期刊和有公信力的技术报告，只能说是偏颇的成见太深。

包括极端气候、全球人口增长、可减少使用化学药剂等。但是反对者要求改采自然和有机的解决方案，又质疑田间试验的效用（例如，为了替非洲设计作物，却在英国田间试验）。

因为不了解转基因植物（怕作物的基因像病毒般感染自己？）或者有意制造恐慌，破坏田间试验者的穿着会"全副武装"；他们也无力辨别是否为转基因作物，行动鲁莽而不分青红皂白地砍除作物。例如2000年，反转基因者破坏了美国冷泉港实验室[1]的玉米田，但事实上，那块田地并无转基因作物，抗议者只是摧毁了两位年轻科学家辛苦两年的成果。

其他类似的破坏，包括冲进苏格兰农田捣毁油菜；美国缅因州白杨树实验林遭"夜半突袭队"闯入，砍倒了三千多株树；在加州，抗议人士破坏了高粱作物，并在温室的墙上喷漆示威。这些破坏行动都是针对转基因作物而来，但其实破坏的全是传统农作物。

不论事实如何，反转基因者就是反对

随着转基因食品的争议持续不断，现在我发现，职业反对者什么事都可拿来做文章。对转基因的反对大多是社会政治运动，尽管反对者的论点是科学用语，却常是不科学的。将转基因食物妖魔化，剥夺民众享受其优点的权利，是很荒谬的事。

——沃森，诺贝尔生理医学奖得主

转基因植物一般是利用其他物种的基因，例如抗虫、耐杀草剂

1　冷泉港实验室（Cold Spring Harbor Laboratory），研究癌症、神经生物学、植物遗传学、基因组学与生物信息学的著名研究机构，已产生七位诺贝尔奖得主。

等基因，来改变植物的特性。此种转基因植物，称为外源转基因植物
（transgenic plant）；但也有利用同种植物本身的基因来改变特性的，那
就称为同源转基因植物（cisgenic plant）。国际组织之间对于同源转基
因植物的管理意见，尚无法趋于一致，一派认为既然经过转基因，就
应以转基因植物的方式进行管理；另一派则认为，既然利用的是同种
植物本身的基因，就不必以转基因植物来管理。

2012年11月，荷兰分子植物育种学家斯豪滕教授（见第一章），
由食品工业发展研究所邀请，来台分享转基因经验。斯豪滕表示：在
荷兰，苹果黑星病重伤其叶子与水果，每季需喷洒农药二三十次来防
治。育种者历经半世纪寻找野生苹果来杂交，冀求抗菌害品种，虽然
已有成效，但果实品质不佳，抗性也不持久。斯豪滕团队使用同源转
基因方式（本质上和传统育种一样），孕育出来的新品种既保存了品质
风味，又具长久抗霉菌特性。

同源转基因有何优点？首先是减少使用杀菌剂；其次，栽培只需7
年即可，而传统育种需要30年；再者，只加入明确需要的基因（抗霉
菌基因），而无遗传累赘（genetic drag）的问题，也就是不会加入不良
与拖累的基因，例如野生苹果常有的配糖生物碱毒物；还有，可维持
原优良品种的特性，以及至少和传统育种一样安全（基因来自野生种，
而无基因流动的顾虑）。

斯豪滕深知在欧洲，转基因遭受社会强烈抗争而难以推行，因
此提倡同源转基因，希望民众愿意接纳。毕竟，作物病虫害问题需
要解决（他先拯救苹果，其他的作物包括马铃薯晚疫病），使用同源
转基因比传统育种还少扰动到基因组。很可惜，斯豪滕仍然受到抗
争。斯豪滕前往绿色和平组织（总部在荷兰）沟通，一开始该组织

虽然同意同源转基因的优点，但是最后依然固执反对，让他非常失
望。

斯豪滕无奈表示，他可以接受"不喜欢同源转基因"的论调，但
不能接纳"同源转基因很危险"的无根据说法。同源转基因确实大大
减少了农药使用量，有很棒的环保成果，又至少和传统育种一样安全，
居然还是被绿色和平组织封杀，斯豪滕实在不满。早年他支持绿色和
平组织的环保主张，而成为成员，但现在已不是。

不要被《欺骗的种子》欺骗了

大致上，中国台湾的反转基因"承袭"国际绿色和平组织的论调，
骨子里同样不了解基因科技。

2012年，《欺骗的种子》作者史密斯（Jeffrey Smith）受邀来台
湾地区宣传。史密斯认为，生物科技公司为了让美国民众认为转基
因是好的，可以喂饱全世界，所以控制了主流媒体为其发声；相对
于这股庞大的力量，反对转基因的研究会遭到攻击；史密斯访谈的
家禽专家和农夫说，饲料从转基因作物改为非转基因作物时，动物
的整体健康就大幅度提升，不但生育率提高、死亡率下降，生病的
比例也降低；许多医师说病人停吃转基因食品后，健康就明显改善，
转基因食品无论对于实验室里的小鼠、农场的猪与牛、人类造成的
问题是一样的。

史密斯承认转基因科技很难懂，一般民众消极以对，这也让企业
趁机而入，影响科学家与政府作出符合企业利益的决定。《欺骗的种
子》宣称揭露了美国转基因大厂孟山都公司内神通外鬼的伎俩，透过
游说、渗透等政治运作，让政府制订有利于厂商的食品安全标准，使

得民众健康处于未知、不可测的危机中[1]。

《欺骗的种子》盛赞英国科学家普兹泰（Raped Pusztai，请参阅第七章，详述其乌龙作为）是"转基因食品安全研究权威"。而普兹泰也大力赞扬《欺骗的种子》："对于让大众了解转基因食品的安全性（或者更精确说是欠缺安全性），《欺骗的种子》一书在这方面可说是一件大事，能称得上是我们这个年代中最重要的科学进展之一。"

史密斯在台的演讲大抵缺乏科学根据，误导媒体与民众。例如他引述2009年5月"美国环境医学研究院"的说辞：要求医师给患者指定非转基因饮食的处方、转基因食品引发严重的健康风险。但美国医学专业委员会（American Board of Medical Specialties）并不承认该院，美国"注意江湖郎中组织"（Quackwatch）明列该院为有问题的组织。

台大生化专家兼"卫生署"转基因食品审议委员会召集人潘教授，告诉笔者：他仔细分析过史密斯在台演讲资料，结论是"错误累累"，充分显示史密斯是个基因科技的大外行。

中国台湾的情况其实和欧美一样：如果反转基因人士不解或曲解基因科技，媒体无力分辨对错，而乐意刊载耸动新闻，遭殃的将是民众、环境，以及基因科技的研究发展。

---

1 史密斯真会瞎掰，负责转基因安全的三个美国单位（农业部、环保署、食品药物管理局）一直密切监督中，怎会容许转基因作物伤害人与环境呢？同理，台湾地区反转基因人士说台湾地区是转基因大豆、玉米进口大户，然而关乎民众食品安全的查验责任却乏人监督。其实，"卫生署"一直密切督察中。

消费者的态度

根据2003年"中研院"调查民众对于农业生物技术的意向，显示有近八成（78%）民众认为，人类不能随意改变自然环境。

2005年，"中研院"又做了电话调查，有1/4的民众没听过转基因生物或转基因食品，一半的人听过但不了解。听过的人之中，年轻者多于年长者，学历高者多于学历低者，收入高者多于收入低者；信息的来源以电视最高（86%），其次为报纸（55%）；正面消息（24%）略多于负面消息（17%），正负两者皆有者占42%。

根据2007年"台湾地区基因组意向调查"[1]电话访问的报告，即使转基因食品价格较低廉，仍有近九成的受访者因其风险而无意愿购买。即使相信"科学家宣称的转基因食品可以控制健康和生态"的受访人民中，不会购买者仍近八成。

根据"卫生署"设计的问卷调查，与2000年9月委托盖洛普公司完成的一项民意调查，结果均显示，台湾地区的多数民众：（1）对转基因食品的生产原理缺乏了解；（2）并不强烈反对转基因食品；（3）购买食品时希望有选择的权利，即要求食品具有标示说明。

2006年，美国著名公益机构"皮优慈善信托基金会"（Pew Charitable Trusts）民调发现，有58%的美民众没听过转基因食物。赞成者约27%，反对者约46%。认为转基因食品安全者约48%，认为不安全者约29%。认为政府管制不力者41%，管太多者16%。

1　由"台湾地区基因组意向调查"这名称，或可说主其事的两位社会科学家，并不了解基因科技，因为"基因组"并无"意向"可言。不解科者往往以"常识"大发议论，对于其中的科技只是"想当然尔"。

2008年，英国《皇家医学期刊》有文章提问：英国的民调显示，13%的消费者主动避免转基因食物，高达74%无所谓，但为何媒体报道总是充斥"一大堆人反转基因"的论调呢？

欧洲为何有反转基因风潮？

反转基因运动始于1990年代，核心分子多年来一直破坏试验作物。在英国，其蓄意破坏而被捕后，往往从轻发落，结果是一再发生抗争与破坏。近来较少抗争新闻，因为转基因研发已变少，而非反对者态度改变。另外，声明田间试验的转基因作物有助益环保，又由公共研究单位执行（而非商业公司），则可稍避开反转基因者的破坏。

公开说明，善用各种媒体，有助于获得媒体与民众支持，例如，将议题描述为"破坏科学实验是否有违伦理？"，而非落入赞成或反对转基因之争。

——莱纳斯（Mark Lynas），牛津大学访问研究员，前反转基因人士，2012年10月

转基因植物涉及三项议题，第一是科技问题，关乎食品安全与环境安全；第二是政策问题，牵涉到农产品贸易与转基因种苗管理制度；第三是社会人文问题，包括社会风俗的适应、宗教伦理的相容与相悖、民众教育与沟通等。

早期欧洲对于转基因，并没有强烈反对声浪，转基因番茄酱也在市场销售。但因为孟山都公司宣示不愿标示转基因大豆，而引起民众全面情绪化反弹。（另有一种说法是，1997年，孟山都公司推广转基因产品的手法相当强势，激起英国部分团体强烈反弹，并迅速扩散，在欧洲逐渐形成普遍反对转基因产品的声浪。）自从1997年以后，英国未曾再核可转基因作物的田间试验。

欧洲对转基因的争议，主要来自食品安全危机的流弹所及，包括

普鲁西纳（Stanley Prusiner）于1982年
找出疯牛病的病原，命名为普里昂蛋白
（prion）。普鲁西纳于1997年获得诺贝
尔生理医学奖。

（图片来源：Wikimedia Common/Sirkiss）

戴奥辛污染家禽、疯牛病[1]、口
蹄疫、牛肉荷尔蒙等问题，使
得消费者对食品安全的信心降到谷底，也导致欧洲政治风暴，包括欧盟
执委会主席桑特（Jacques Santer）因而引咎辞职。欧盟执委会于2000年
颁布"食品安全白皮书"，强调欧盟必须重建大众对于食品的信心。该
白皮书的食品安全政策，立基于预警、可追踪、透明三要点。这项政策
原则使得欧盟与美国，对转基因食品的管制立场出现根本上的差异。

　　英国发生疯牛病，政府首长急忙向民众保证，此症不会传染给人；
但是后来却有人因为"人类形式的疯牛病"而死亡，原因是吃了遭疯
牛病污染的肉品，而受到感染。这个事件造成民众对政府强烈的不安
全感和不信任感，进而不幸波及转基因食品。譬如环保团体"地球之
友"宣布："在疯牛病之后，你会以为食品业者，不会笨到想将隐藏的
成分送进民众口内？"媒体于是加油添醋地发挥："转基因食物和大自然

1　疯牛病是普里昂蛋白质引起的神经退化症，不少哺乳类动物都有类似疾病，包括羊瘙
　　痒症、狂鹿症、人的"库贾氏症"（Creutzfeldt-Jakob disease）等。1970年代初期，英
　　国畜产业将"肉骨饲料"混入牛饲料中，随后开始出现疯牛病。1982年，美国加州大
　　学旧金山分校的普鲁西纳找出病原，命名为普里昂蛋白。后来科学家找出其基因，发
　　现所有哺乳动物都具有该基因，且相似度达90%以上，大多表现在神经系统上。1994
　　年，英国出现第一个人类"新型库贾氏症"病例后，发现疯牛病会跨种传染给人，引
　　起全球恐慌。

玩游戏：如果癌症是唯一的副作用，我们就算幸运了。"

　　挟着媒体助威的声势，反转基因者结成各式组织，抗争游行，以"唤醒"民众要坚持预警原则，鼓吹不信任公权力[1]。一些非政府组织也运用欧洲遭遇的食品恐慌，制造反转基因的气势。

　　欧洲在2004年成立"安全食物计划"[2]，由欧盟研究总署资助，来自21个国家和地区的37个研究所，超过95位自然科学家与社会学家参与，以科际整合方式（分子生物、微生物、毒物学、几率模拟、社会与政治学），精进风险分析技术，志在保护民众免于食物致病。该计划也寻求生产公司参与，希望能增加决策透明度，以及改善风险评估过程的沟通管道。

　　目前在欧洲，并无常设性的转基因作物试验用设施（荷兰可能为例外），这与当地绿色激进分子的破坏有关。

　　有人认为，欧洲生物技术水准不如美国，私底下积极部署发展转基因产品，但目前乐于配合民意，对转基因产品采取较严格的限制，借机阻挡或减缓美国的领先优势，以期能有机会扳回。

　　日本的做法倒是值得借鉴。日本政府很努力要消除消费者对转基因作物与食品的疑虑，不断邀请老师、高中生、社会人士，参观转基因隔离田，认识转基因的安全评估过程。也有日本学者建议教育部

1　在印度，2009年印度政府批准种植苏云金芽孢杆菌转基因茄子，遭受一些团体抗争后不久，印度环境部长发布种植转基因食物的禁令，且声言："建立公众信任和信心要多久，就禁止多久。"

2　安全食物计划（SAFE FOODS——Promoting a new, Integrated Risk Analysis Approach for Foods）共分为五个项目：（1）植物育种与生产方法的比较安全评估；（2）新兴食品与饲料风险的早期侦测；（3）结合暴露于食品污染物与天然毒物的定量风险评估；（4）消费者的食品风险管理认知；（5）系统风险管理的挑战与解答。

"请学界配合，借由正确知识的传播，来消除民众错误的想像，增加认同感和接受度"。总之，官方和学界要结合媒体，透过点点滴滴的努力，慢慢降低国民对转基因作物与食品的疑虑。

转基因食品公民会议

基因科技存在相当的门槛，一般人不容易了解其内容，结果就可能被人牵着鼻子走，或因无知而生恐慌。有人提议创办"转基因食品公民会议"，教育有心人，让他们成为有正确认知者，再由这些"种子"向外传播正确的转基因信息。

公民会议是不具专业知识的公众，针对争议性议题，事前阅读资料，设定探查的问题，在公开的论坛上询问专家，然后讨论辩论，将共识与无共识写成正式报告，向社会大众公布，并供决策参考。公民会议能让民众更积极与有效地参与争议性议题，提出针对政策的意见。为了方便讨论，参与公民会议的人数限制在15人到20人。

2008年2月到6月，台湾地区举办第一场转基因食品公民会议，是由"资策会"科技法律中心[1]主办，台大社会系林国明团队执行。会议分为两个阶段：（1）预备会议两天，由专家说明，使公民小组成员具备基本的认识；（2）正式会议三天，根据预备会议形成的问题，与专家对话，撰写共识和结论报告，并由专家澄清错误的内容，但是专家不干涉报告的内容。

---

1 信息工业策进会于2011年将"科技法律中心"更名为"科技法律研究所"。研究范围聚焦于科技与产业发展、科技研发体系、技术转移、知识产权、新兴科技等核心议题。

这一场转基因食品公民会议，建立了专家与公民的理性沟通模式。只要专家有机会讲解清楚，台湾的民众通常愿意采纳专家的意见：

他们相信，转基因食品是安全的，因为没有坚实可信的证据证明它对人体健康有负面影响……更多的研究和科技知识，可以控制、降低甚至解决风险问题。即使有风险的隐忧，但不该因噎废食，禁止转基因食品的发展与销售，因为民众可能愿意冒着风险购买较为便宜的转基因食品。这种选择的自由应该受到尊重，但选择必须具有充分的信息。商业利益可能掩藏风险信息。因此官方必须充分揭露信息，让消费者知所选择。官方的责任并非保证"零风险"的转基因食品，而是借由清楚的强制标示，让民众有充分的信息，根据利益与风险的考量来作消费的选择。[1]

1　全文请参阅《科技政策民主化的可能与限制：以台湾基因改造食品公民会议为例》，林国明撰，http://www.nsc.gov.tw/nat/public/Attachment/95149145471.pdf。

专题报道三

转基因技术的其他妙用

　　转基因技术还有其他妙用，例如：发展下一波的生物学前沿——合成生物学，以及开发植物的潜能。

"合成生物学" 开辟一片天

　　合成生物学家"野心勃勃"，试图创建细菌人工染色体，让它们转换阳光成为燃料，或用来净化工业用水，或作为生物监测剂以追踪各种生态活动。能源危机和随之而来的粮食危机迫在眉睫，科学家正在试图建立生物能源公司。科学创业家文特尔[1]（J. Craig Venter）和哈佛大学丘奇（George Church）两人，堪称合成生物学的先锋。

　　自从1960年代初期，霍拉纳（Har Khorana，1968年诺贝尔生理医学奖得主）表示核酸链（polynulceotides）可用化学方式合成，创建出新的生命形式（基本细胞），此后这项宣言即成

1　文特尔是美国生物学家与企业家，《时代》周刊在2000年7月，将他与"人类基因组计划"领袖科林斯，同时选为封面人物，又在2007年将他选进世界上最有影响力的人之一。2005年，文特尔与同仁合创"合成基因组公司"（Synthetic Genomics），专门以经过改造的微生物，生产乙醇（酒精）与氢（当替代燃料）。

科学家的挑战。科学家如今已合成出许多主要的生物分子，例如某些蛋白质、碳水化合物、脂类、核苷酸。霍拉纳"诠释遗传密码以及密码在蛋白质合成过程中的作用"这项开创性工作，可说奠定了今天合成生物学的基础。

合成生物学是个新词，但人工创造生物分子的基本原则，却不是新的，现代合成的小儿麻痹症病毒和弧菌，已经证明这个概念可行：2002年，美国纽约大学的研究团队首度合成小儿麻痹症病毒，他们从网络下载其基因蓝图、邮购生化分子原料，总共只花费两千美元。

科学家已有合成生物学的"工具箱"，例如，限制性内切酶和聚合酶连锁反应（PCR）的发现，促进了重组DNA技术，随后的复杂基因操作，已经创造出转基因微生物和转基因动植物。加上近代电子学、纳米生物技术、生物信息学等的发展，未来的研发能力很可观，例如研发分子感测器。

谁在动"合成生物学"的脑筋？

合成生物学的目的是要研发DNA纳米结构，结合目标细胞（cell targeting）、分子逻辑（molecular logic）、抗癌力，例如制造崭新具有多重抗癌功能的大肠杆菌。

近年来，由于遭逢抗药性等问题，科学家转向合成生物学，动起"目标导向基因组工程"的脑筋，因为它可处理罕见突变，又可矫正一些人类共有的基因问题。

例如，美国有个患者布朗（Tim Brown）同时接受白血病和艾滋病治疗，使用的是组织相容干细胞（它缺乏艾滋病毒受体蛋白质CCR5），结果布朗在四年后仍然活得好好的。此发现已导致"锌指核酸酶疗法"（zinc finger nucleases therapy），目标是消除艾滋病患者身上的人类CCR5基因。这就和传统的基因疗法不同了，亦即，不是更正罕见疾病的突变基因，而是使用罕见（或合成）的基因型，以便治疗或改进正常的基因型。

设计与打造基因组，将是未来产业与生物革命的基础，提供未来的食物、化学品、燃料、清洁水、医药、疫苗等。全球人口快速增加，合成生物学将有助于解决衍生的相关问题。

首例人造生命

文特尔团队首先找出维持细菌生命的最短基因组，同时加入人工基因，让细菌得以变成制造人类所需物质的工厂。1995年，文特尔团队成功地测序霉浆菌（Mycoplasma genitalium）的染色体，总长度约60万对碱基，是已知非共生的生物里面最短的。这个微生物体内大约只有500个基因，文特尔团队发现，删掉其中的100个基因，并不会造成负面影响。

接着，文特尔团队将它改造成全新的基因组，再植入刻意除掉遗传物质的山羊霉浆菌（Mycoplasma capricolum）菌体内，经过数十代的培养后，确认新细菌体内不再含有原本细菌的遗传物质，才宣布他们创造出一个全新的菌种，团队昵称新生命为"Synthia"（合成体），发表于2010年。这个成果耗时15年，花费了4 000万美元。

文特尔团队有近九成九的实验都失败了，才让合成生命正式程式化。还需要克服的问题之一，就是缩短"找出人工合成基因组的错误碱基对"的时间。他们希望未来有朝一日，能够"探索生命的基本机制，并打造出特别设计、用以解决环境或能源问题的细菌"。

使用转基因艾滋病病毒，狙杀癌细胞

2012年，美国宾州大学医学院与费城儿童医院合作，在美国血液学会的年会提出报告：七岁女童埃米莉（Emily Whitehead）于半年多前接受实验性疗法，将转基因艾滋病病毒注入体内，成功击退癌细胞。

此疗法透过新技术，赋予患者自身的免疫系统持久对抗癌症的能力，以后可望取代骨髓移植，治疗白血病；利用同样的方法（重新编码患者的免疫系统），也可用来治疗乳癌和保护腺癌等癌症。

罹患白血病的埃米莉，近两年来接受化学疗法，但两度病情复发，医生束手无策。父母将她送到费城儿童医院接受该实验性疗法，但这种疗法从未在儿童身上用过，也从未在白血病患者身上用过。2012年4月间进行的尝试，是利用丧失传染力的艾滋病病毒，在基因层面重新编码埃米莉的免疫系统，将她体内的细胞变成"追踪飞弹"，从而杀死癌细胞。

在实施这种疗法时，医生会从患者体内抽出数以百万计的T细胞（一种白血球细胞），再把新的基因转入T细胞，强化的T细胞重新注入病患体内，它们会大举增殖，并开始发挥功效：新的基因会发出指令，让T细胞对B细胞进行攻击；B细胞是免疫系统的一部分，但是在白血病中会变成恶性的，并能"躲过侦测"，继续成长。

这个实验性疗法由宾州大学开创，埃米莉是12名接受这种疗法的末期白血病患者中的1名，其他病患中有3名成人完全缓解，2名成人完全无效，1名儿童复发，4名成人仅部分改善，1人尚待评估。

希望新疗法最终能取代危险且昂贵的骨髓移植。埃米莉可能需要观察两年，才能确定是否完全治愈。

开发植物潜能

生产植物的工厂

植物工厂（彩图26）指：全年无休的植物生产系统；并非

让植物适应天气，而是让环境配合植物。1985年，日本筑波万国博览会首度出现"植物工厂"这名词。2011年，日本海啸导致土地盐化，加上担心土壤遭到辐射污染，民众开始重视"无菌、无农药、无辐射"的工厂蔬菜。

在台湾，台风年年来袭，造成庞大的农业损失与官方补贴负荷。

植物工厂由人工塑造最适合植物生长的环境（照明与温湿度等），不受台风涝旱影响，可全年无休地生产粮食。"农田"可堆叠起来，土地利用效率高，而且使用LED（发光二极体）灯取代阳光照射，产生光合作用。在同一面积的土地上，植物工厂产量是自然农场的六到七倍，用水只有5%，产地可选在很接近消费市场的地点，节省运输费用和能源。由于是在无尘室以水耕栽培，不接触外面泥土，所以无菌；但需使用含钾或磷的营养液（可回收再利用），因此不合有机的标准。

台湾半导体产业发达，相关的空调、无尘室、隔热材料、节能灯具、控制系统、灭菌技术、机电设备等厂商众多，这些也都是建构植物工厂需要的设备。还有许多现成的厂房可立即改装，譬如各县市的蚊子馆[1]与停用的工厂等。

台湾每年"农学院"与"生命科学院"的毕业生有数千人，但留在农业界服务的人恐怕不足5%。植物生产一旦工厂化，干

1　耗费巨资建成的公共建筑被闲置，反而成了蚊子的"安乐窝"，这种现象在台湾地区成为热议话题，而闲置的公共建筑则被戏称为"蚊子馆"。——编者注

净程度有如高科技厂房，且生产地点邻近市区，应可吸引农业
人才回流。

　　而且，结合了转基因作物与植物工厂，也可避免基因流动
的顾虑。但某些消费者认为，植物工厂的蔬菜缺乏"日月精华"
的吸收；其实，太阳光波长300纳米到3 000纳米，但光合作用
有效波长是在350纳米到700纳米，LED光源可集中在植物所需
的频谱部分，通常为蓝光和红光——去芜存菁后，这似乎正是
"日月精华"的所在。

适合造纸的马铃薯

　　普通马铃薯淀粉含有两种分子：支链淀粉（80%，适合工
业用的聚合物）、直链淀粉（20%，不适合工业用，因会造成淀
粉老化）。德国巴斯夫（BASF）植物科学公司研发20年后，推
出转基因马铃薯Amflora，不含直链淀粉，因其基因已被"关
掉"。这种转基因马铃薯，很适合造纸[1]。

　　2010年，欧盟批准在欧盟工业应用，但由于欧洲对转基因
作物不友善，2012年，巴斯夫决定停止欧洲马铃薯品种Amflora
的商业化和研究，也将公司总部从德国搬迁到美国。

1　2012年，媒体报道，台湾地区每年进口100万吨纸浆材料与600万立方米木
　　材；2011年民众用纸量每人近200公斤，为世界平均值3倍多；这就需要适
　　度经营人工林了。台湾地区应将木材当成水稻等农产品来经营。

让植物本身成为生产工厂或回收工厂

转基因技术可消除有害的天然成分，例如2013年，英国兰开斯特大学大气化学教授休伊特（Nick Hewitt）团队，在《自然·气候变迁》（*Nature Climate Change*）期刊指出，为了减碳抗暖化，白杨或桉树被视为取代石油和煤炭的绿能（生物燃料），但它们于生长期间会释放高量的异戊二烯，会与空气混合形成有毒臭氧，造成空气污染恶化。欧盟若要以此绿能在2020年前达到减碳目标，恐怕会导致欧洲每年近1 400人早死。

面对这个难题，应可利用转基因技术，去降低这些树木排放的异戊二烯含量。

科学家正研究要让植物具有"生产工厂"的功能，以生产药品、替代能源、净化毒性垃圾场的工具，以及染料、墨水、清洁剂、黏胶、润滑剂、塑胶等的原料。与今天的抗虫害作物相比，这些植物工厂生产的产品，也许更能让消费者看到生物技术对改善生活品质的直接效用。

其次，有些转基因作物也可用来洁净环境，例如在遭受重金属汞、硒污染的土地上种植特定的转基因作物。这些植物的根部吸收重金属后，经过收割而可回收处理这些重金属，净化后的土地便可种植其他经济作物。转基因植物可以选择性地去除环境中的污染物，这个过程称为"植物修复"。

第 七 章

望风披靡与众口铄金

社会如何看待转基因技术？大众媒体很关键，因为许多民众是从大众媒体学习科学新知的；而好发议论者（名嘴）往往缺乏基因科技素养，则成为误导民众者。

另外，善用媒体者容易占上风。2012年4月来台宣扬反转基因的作家史密斯，缺乏转基因专业知识，他的著作《欺骗的种子》错误累累，但是在台的主办者广邀媒体参与、传播、行销；又邀民间团体的领袖座谈、找著名政治人物游园对话[1]，极尽风光。很可惜，台湾与谈者均非基因科技专家，却乐意声援。

相对的，2012年11月由食品工业研究所邀请来台的斯豪滕教授，不但是转基因专家，更受尊为"同源转基因之父"，可惜主办单位没邀媒体，也没找各式意见领袖大肆宣传，结果几乎毫无曝光度。

媒体的威力：风吹草掩

转基因争议的关键因素是媒体的立场，例如在欧洲，媒体对反转基因的夸大观点，往往让民众怀疑转基因的安全性，影响甚大。相对的，陈述转基因的科学论述，通常缺少报纸编辑所喜欢的耸动措辞。这是科学信息受制于民主行为的范例之一。

哈佛大学与麻省理工学院位在美国马萨诸塞州剑桥市，均为转基因研发的先锋，但是有些当地居民对此忐忑不安，不明就里的市长"顺应民意"，要求美国科学界最权威的组织出马主持公道：

1　前"行政院"长游锡堃创办仰山文教基金会，在宜兰推动有机生活与非基因改造运动。史密斯告诉他，转基因作物会造成环境污染、影响生态、伤害人体健康。

有两则报道让我相当忧心，在麻州多佛市，有人看到一只"怪异的橘眼生物"；另外，在另一州，有人遇到一只"九英尺高的多毛生物"。我郑重要求贵院调查这些发现，看这些怪异生物（若真存在）是否与本地区所做的重组DNA有关。

——美国马萨诸塞州剑桥市市长，1977年写信给美国国家科学院

沃森认为媒体上的报道，不管是哗众取宠或动机良善但受到误导，都会让他感到好笑。沃森引述一则新闻报道说，有个农业科技公司的人员，被反转基因者指控贿赂农夫，因为"他以较低的价格，把收成较好的产品卖给农夫，让农夫因采用此产品而获利，这就是贿赂"。

媒体在现代社会拥有相当巨大的影响力，消费者往往对媒体的报道言听计从。媒体应该要比民众更具有辨别谁是真正专家的能力，应邀请真正的专家来发声，帮助消费者建立正确的认知。

三代转基因作物各有目的

转基因作物可分三代。第一代转基因作物目的在适应环境，加入耐除草剂与抗虫基因，只是为了提高作物产量，并没改变作物可食用部位的主成分；美国与加拿大称为"实质等同"，认为此转基因作物的主成分与传统作物的主成分一样。

第二代转基因作物，目的在改变营养成分。例如，"中研院"的甜甜米，让淀粉可在高温下自动分解为糖；又如大豆中含有对人体比较健康的油酸，转基因大豆可将油酸含量从24%增加到75%以上，而且会产生omega-3脂肪酸。

第三代转基因作物，目的在医药。例如：以转基因烟草生产新城

鸡瘟病毒疫苗（2006年通过美国农业部审核，进入临床试验）；以转基因胡萝卜生产葡萄糖脑甘脂酶，可治疗戈谢病（Gaucher disease，糖脂类大分子逐渐堆积，造成肝脾肿大与易出血）；以转基因红花生产胰岛素。

反转基因者使用"不自然、入侵、污染"等字眼，描述转基因为贪婪公司强加于世界的科技。赞成转基因者则以"无知、非理性"，指责反转基因者阻挠发展有益民生的科技。分析已有的证据显示，转基因带来相当的福祉，但没什么人注意到；相对的，其风险却被描绘为难以置信的吓人。

——《新科学家》2012年10月13日评论

转基因可拯救遭难的树木

美国普渡大学林业暨自然资源系教授雅各布（Douglass Jacobs）发现，美国栗树（chestnut）比其他硬木树种长得快又大，因此同一时期，能够吸收更多的温室气体。

20世纪以前，美国栗树曾经是遍布整个美国东部森林的优势物种，一路从缅因州到密西西比州，都有栗树的踪迹。年年结果实，人和动物都爱吃。但在1904年，亚洲真菌引发了大量栗树枯萎，半世纪内死亡殆尽（大约死了40亿棵树）。爱树者以杀菌剂、硫熏、辐射照射，但均无效。1983年起，他们杂交12万棵来自中国和日本的栗树，动用近700种真菌测试。

也有科学家从中国栗树找出抗菌基因，正在实验转基因栗树；由于这种做法为同源转基因，亦即基因来自同一物种，科学家期望不至于引起民众抗争。

但是美国栗树不只遭到亚洲真菌摧残，其他正在侵袭栗树的生物，还有根腐霉菌、甲虫、黄蜂等。此外,英国七叶树(horse chestnut)也快被细菌与真菌摧残殆尽了,白蜡树与橡树也遭逢危机,美国榆树和欧洲榆树也遭受荷兰榆树病严重侵袭。

树木每年共可吸收全球约1/6的二氧化碳排放量。英国牛津大学经济学家科利尔(Paul Collier)认为,全球气候变迁让转基因势在必行,因为转基因可帮助树木更快适应变劣的环境,也能以非化学方式增加粮食产量。

转基因更有利于发展中国家

2008年,八大工业国高峰会议(G8 Summit)首度宣布转基因作物的重要性:加速研发农业科技,以增加农业产量,提倡以科学为根据的风险分析生物科技。世界卫生组织也认为:生物技术作物可提供更营养的食物、增加农业生产效率。

有专家认为,现代农业增产的三个有力方式,第一是转基因作物(转入新基因与新性状);第二是利用DNA标记(marker)辅助育种;第三是精准农业,也就是辅以遥测与全球定位,在正确的地方播下种子,精确使用杀虫剂、氮肥等农药和肥料,再加上精准的灌溉技术。

转基因作物不仅是有力的农业增产方式,还是有利的方式,因为转基因作物可减低对农药的依赖,减少水资源的污染。农药用量的减少,将使得水资源和饮用水更为安全,也使野生动植物的环境得到改善。而全球有七成的水用在农业上,种植耐旱作物将有助于减少用水。

此外,由于广效性杀虫剂喷施量减少了,田间自然存在的昆虫种群密度上升,这可以压抑其他害虫的种群密度,有可能减少周边其他作物的虫害损失。

非常重要的是，转基因抗虫作物对发展中国家的助益，明显比已开发国家来得大！第一，转基因抗虫作物可大幅减少发展中国家的农民暴露于杀虫剂中，因为他们喷洒农药的器具与做法都很不适当。

第二，美国农民传统上已经能够很有效益地管理害虫、杂草和产量，使用转基因作物后，产量的增幅不算多，例如玉米与棉花仅增加10%；但是在发展中国家，由于农田管理落后，转基因作物有助于产量大幅提升，例如菲律宾的玉米可增产25%，印度棉花可增产50%。

第三，转基因技术使得作物产量提高后，将可减少耕种面积与用地面积的需求，有助于缓解土地资源承受的压力，减少对生态脆弱地区的开发，使得自然栖息地和生物多样性得到更好的保护。种植抗除虫剂作物后，还可以鼓励农民采用保护性耕作方式，特别是免耕法，以减少表土流失。

在发展中国家，环境保护与贫民的生存，经常是处于两难的局面。顾到了贫民的肚子，往往得破坏环境；采行已开发国家的环境保护措施，又往往妨碍了贫民的生计。推动种植转基因作物，应当是两全其美的一种方法。

请看各式统计资料

设在华盛顿的美国国家食品与农业政策中心（NCFAP），统计了美国农民种植生物技术作物后，获得的好处：（1）抗农达大豆：每年除草剂用量减少1 300吨，每年生产成本降低10亿美元；（2）抗苏云金芽孢杆菌棉花：每年除虫剂用量减少800吨，每年棉产量增加8万吨；（3）抗苏云金芽孢杆菌玉米：每年除虫剂用量减少7 000吨以上，每年产量增加160万吨；（4）抗病毒木瓜：使夏威夷番木瓜产业节省1 700万美元，避免轮点病毒造成惨重损失。

这些结果显示，即使在美国这样的发达国家，农药用量也能大幅减少、环境相应得到改善、产量大幅提高、生产成本同步降低。尽管生物技术的效果各农场有所不一，但巨大的经济效益均显而易见。而且这些效益不单使农民受益，也使环境和普通消费者受惠。

2012年5月，著名的英国农业顾问公司PG Economics发布第七次《转基因作物：1996年至2010年全球社经与环境影响》报告，指出转基因作物具有重要的经济性，带来产量的增加、农民收入改善与降低生产风险；对于环保，则在减少农用化学品、可朝"零翻土"系统发展、减少温室气体的排放。其中，受益国多为发展中国家。[1]

1996年刚推出转基因作物时，种植面积170万公顷。

到了2010年，全球转基因作物规模（以种子计）100亿美元，占全球商业种子市场300亿美元的三成，若以农场收获后商品计，价值达1 000亿美元。种植规模1.5亿公顷（较2009年增加一成），占全球15亿公顷耕地的一成。到了2011年，全球有29个国家（占全球人口六成、全球耕地五成）种植转基因作物，共有24种作物的184项产品获

---

1 《转基因作物：1996年至2010年全球社经与环境影响》（*GM crops:global socio-economic and environmental impacts 1996—2010*）这份报告的六项主要评估成果，分别是：（1）2010年，农家经济效益增加140亿美元，平均每公顷增加100美元的收入，近15年（1996年至2010年）总计增加农民780亿美元的收入；（2）抗虫作物对农家所得增加的影响最大，特别是对发展中国家的农民，尤其是印度和中国的棉农；（3）农家六成所得的增加来自产量的提升，包括较少的害虫和杂草、较佳的农艺性状，进而减少了成本的投入；（4）经济效益的增加超过一半的比例（55%）来自发展中国家，其中九成来自小农；（5）2010年农家购买转基因种子的花费，约占整体转基因相关效益的三成；（6）转基因种子花费的比率，在发展中国家为两成，在发达国家为四成。

准上市，其中，玉米60项、棉花35项、油菜15项、大豆14项。共有59个国家批准过转基因作物上市，共计964个核准案。

水稻是世界重要的粮食作物，约2.5亿农户种植，养育全球一半人口，但每户平均只拥有0.33公顷稻田，属于贫穷人口。转基因抗虫水稻则可减少困扰，让产量增加一成，而杀虫剂量减少八成。

2010年，美国国家科学院提报，种植转基因作物确实减少了农药使用量、减少了土壤侵蚀。同年，美国有一项科学研究发现，中西部五个州的苏云金芽孢杆菌玉米经济效益，14年来为69亿元，其中43亿元来自非苏云金芽孢杆菌玉米——把这一项也算进转基因效益的原因是：玉米螟攻击苏云金芽孢杆菌玉米时，自己会死亡，因此，残存而攻击附近非转基因苏云金芽孢杆菌玉米的玉米螟数量就变少了。美国农业部统计，1995年至1998年间，全美棉花生产地区减少使用杀虫剂200万磅以上，转基因苏云金芽孢杆菌棉花田的杀虫剂使用量，比一般棉花田减少一半以上。

根据2008年的统计资料，在印度，贫农种植转基因棉花的人数在一年内增加一百二十万，棉花增产了三成、农药减少四成、平均收入增加九成（每公顷250美元）。预估到2015年，印度可以实现"千禧年发展目标"的"2015年前减少一半贫穷人口"。

2008年的中国，种植转基因棉花，使得棉铃虫减少为十分之一，并且让其他同遭棉铃虫害的作物也受惠，譬如玉米、大豆、小麦、花生、蔬菜等。

在2008年，全球四种主要作物——大豆、玉米、棉花、油菜籽，增产了3 000万吨，若无基因工程，则需额外的1 000万公顷土地来种植，那就等于要破坏同样面积的森林。从1996年到2007年，由于转基因作物增产，全球总共减少开发4 000万公顷的土地、减少了两成杀虫剂使用量、增加400亿美元的收入。

反转基因者最爱传播的谣言

然而长久以来，反转基因活跃分子就不断声称转基因作物无助于增产，坏处多多。例如1999年，美国有机中心（Organic Center）提出报告，指出比起其他方式，转基因抗农达大豆并没增加产量，又施用更多除草剂。

又如，英国《独立报》的通讯记者利恩（Geoffrey Lean）于2008年4月20日发表《曝光：转基因作物大神话》的报道，结论是，根据堪萨斯州立大学戈登（Barney Gordon）的研究，转基因作物产量较少。但是这篇报道并没有讲明，戈登是在研究不同锰浓度对转基因作物的影响，而非研究产量。戈登于是强力回应，说该篇报道"严重歪曲我的研究"，是"不负责任的新闻报道"。很可惜，即使戈登已经澄清了，一些反转基因者仍持续引用利恩的报道，继续歪曲戈登的研究。

2009年，美国"忧思科学家联盟"（UCS）发表一篇文章《没有产量：评估转基因作物的表现》（*Failure to yield:evaluating the performance of genetically modified crops*）表示，近年来在美国，其他农业方法比转基因增加更多产量。但是，美国农业部的记录却显示，转基因促进玉米增产的贡献度很可观，大约占1990年代以来总增加量三成的一半，而非如该联盟所说，其他农业方法比转基因更具生产力。

同年，英国农业与自然资源顾问公司PG Economics（专长在植物生物技术等，客户包括英国政府、欧盟、企业界）数次发表了经过同行评议的论文，指出"忧思科学家联盟"的文章相当误导，例如：（1）只分析美国而非分析全球；（2）只分析大豆和玉米，而忽略棉花和油菜两大宗转基因作物，转基因棉花和转基因油菜在大部分地区的产量均更高（包括在美国）；（3）在该篇文章的摘要中，宣称转基因几乎无助于整体产量，但文章标题是"没有产量"，接着，内文承认转基因抗虫棉花在美国产量增加；而且文章大部分引用的资料，只是试验田的产量，而非实际种植的产量，事实上，美国种植转基因作物已超过10年，实际产量的资料很多，但"忧思科学家联盟"却不引用。

网络上盛传孟山都公司转基因Bollgard棉花，从2002年起导致许多印度农夫自杀。实情是，长期以来一直有印度农夫自杀的悲剧发生。

"根据印度国家犯罪记录局的统计，从1997年到2009年年底，乡村地区总共有19.9万人自杀身亡……事实上，印度农民的自杀风气，与转基因棉花之间并没有任何关联性。至少在2008年，国际粮食政策研究院曾做了一项广泛的调查，得到的结论就是两者没有任何统计上的相关。"这是英国印度裔女性科技记者赛尼（Angela Saini）针对印度农村所做的实地调查报道，她写成《不可忽视的印度》一书，书里很生动地描写了印度农村面临的困境、转基因作物的发展现况、反转基因运动如火燎原，以及农民最后选择了转基因作物，"这里的农人只是卑微地希望，有食物可以放在桌上"。[1]

2004年，印度市场顾问公司（IMRB International）发表研究报告，显示农夫种植转基因Bollgard棉花，比传统棉花增加为两倍多的收入、

1　请参阅《不可忽视的印度》（天下文化出版）第三章《长青香蕉》。作者赛尼，1980年出　生于英国，现为英国广播公司（BBC）与《新科学家》《经济学人》杂志的科学记者。

产量增加六成、杀虫剂费用减少1/4。反转基因者将印度农夫的自杀归罪于转基因，是不负责的栽赃作为。

反转基因人士很喜爱推荐一部纪录片《美味的代价》，这是探讨美国转基因食品内幕的影片，报道了转基因鲑鱼[1]的风波、美国转基因食品大企业孟山都压迫小农、美国牛只食用转基因玉米造成牛只胃部病菌滋生、大量种植抗除草剂作物的农田反而大量施放除草剂等等所谓"真相"。

> 在16世纪，咖啡遭到的不实指控，和今天生物技术产品遇到的情况相似；咖啡被指控会影响性功能和导致其他疾病，在麦加、开罗、伊斯坦布尔、英格兰、德国、瑞典等地，遭到当地执政者的禁止或限制。1674年，法国医生为了维护葡萄酒消费而宣称，当一个人喝了咖啡后，躯体化为自身的阴影，日渐衰竭。喝咖啡者其心肌五脏虚损而神志恍惚，其躯体抖颤形同中咒。
>
> ——朱马（CalestousJuma），哈佛大学科技政策教授
> 2012年《新非洲人》杂志选其为最有影响力的一百位非洲人

今天，转基因食品也遭受到类似的非议，将转基因食品与脑癌、性功能障碍、行为改变等，联系在一起。有些谣言甚至在发展中国家的政府高层流传（例如稍后会提到的非洲赞比亚总统）。

提倡生物技术的人士，通常需要有科学上的精确度，而批评者却

1　2010年，美国食品与药物管理局认同食用转基因鲑鱼是安全的，转基因鲑鱼对环境也无安全疑虑。2010年，美国塔夫斯大学的科学家提到，转基因鲑鱼可降低市场鲑鱼价格约一半，增加民众食用鲑鱼的风气；鲑鱼所含omega-3脂肪酸可促进心血管的健康，这在美国可每年减少600到2 600死亡个案。转基因鲑鱼快速成长的特性，可能对野生鲑鱼造成威胁，因此转基因鲑鱼将被饲养于陆地上的养殖设施或其他封闭性设施中，避免脱逃到野生环境；转基因鲑鱼将全为不孕的雌鱼，以防止基因流动。美国国会有提案要反对转基因鲑鱼，主要的反对者是出口野生鲑鱼的州，包括阿拉斯加州与华盛顿州，因为害怕竞争力丧失，但政客的说辞却是"怕有未预期的风险"。

用造势的方法，力图引起公众的恐惧和对产业动机的怀疑。他们把生物技术的危险和化学污染的后果相提并论，扣上"基因污染"和"科学怪食"等相当负面的大帽子，让民众印象深刻以致常受此刻板印象钳制，难怪基因科学家百口莫辩。

接下来，我们就深入讨论一些最受媒体宠幸的反转基因故事，看看里面暗藏什么玄机。

苏云金芽孢杆菌的故事

1938年，法国率先拿苏云金芽孢杆菌当杀虫剂[1]。有机农夫很喜欢使用苏云金芽孢杆菌杀虫剂，认为它是自然、而非合成的。

苏云金芽孢杆菌在阳光、受热、干燥下会分解。苏云金芽孢杆菌超过70种，每一种皆会在孢子中产出Cry（crystal，晶体般）蛋白质，这些蛋白质和昆虫的消化液（碱性、pH值8到10）接触之后，即成为毒素。但此毒素对人体无伤害，因为人体消化液相当酸（pH值1到3），晶体不会溶解，不会释出毒素。即使会在人的消化道中释出，它仍然不具毒性，因为人体细胞缺乏和Cry蛋白质反应的受体。

含有苏云金芽孢杆菌的杀虫产品，在1930年代末期首次在法国出售，但即使在1999年，苏云金芽孢杆菌产品的销售量仍然不到所有杀虫剂销售量的2%。苏云金芽孢杆菌原来只作为叶子杀虫剂使用，然而通过转基因技术，将产生苏云金芽孢杆菌毒素的基因植入主要农作物

---

1 2012年11月，"农委会"农业药物毒物试验所研发生物性药剂"台湾库斯苏云金芽孢杆菌E-911"。这是试验所的同仁"上穷碧落下黄泉"，辛苦了十年，才在谷仓角落的粉尘中，找到本土苏云金芽孢杆菌菌株。

以后，它就成为一种重要的杀虫剂。

　　苏云金芽孢杆菌只对昆虫有毒杀效果，对鸟类、爬虫类、哺乳类都无害。苏云金芽孢杆菌会攻击昆虫的肠道细胞，以受损细胞释出的养分维生，让昆虫在饥饿与创伤下死亡。早在1901年即已辨识出苏云金芽孢杆菌，原以为它只对鳞翅目昆虫有害，后来发现不同的菌种对甲虫和苍蝇等的幼虫也有效。

　　至今已发现超过170种Cry蛋白质，其中16种已获得美国环保署核准使用。为了安全起见，美国环保署向来要求三重测试措施，首先是实验室动物，包括虫、鸟、鱼和哺乳类，在百倍于农场喷洒剂量下实验，若无毒性才可过关；第二道实验是动物受到多次暴露；第三道

苏云金芽孢杆菌的双三角锥Cry蛋白和昆虫的碱性消化液接触后，即成为毒素。
（图片来源：Wikimedia Common/P.R.Johnston）

是两年的喂食实验。

不过，至今尚无任何苏云金芽孢杆菌杀虫剂还需要经历第二道实验，表示苏云金芽孢杆菌杀虫剂通过第一道实验后，美国环保署即已认定它对环境和其他生物完全无害。因此，美国环保署并不规范苏云金芽孢杆菌杀虫剂在作物上的残留量。例如，苏云金芽孢杆菌可在收成前直接喷洒在番茄上，然后摘下来食用；环保署不要求贩卖前须清洗。这对于杀虫剂实在是"很优惠的礼遇"，难怪有机农夫很喜欢使用。

大部分的苏云金芽孢杆菌杀虫剂包含四种苏云金芽孢杆菌毒素，以控制各种害虫，因为每种Cry蛋白质只对特定昆虫有毒，有些毒死舞蛾、十字花科蔬菜拟尺蠖、棉铃象鼻虫等，其他的（尤其是Cry1Ab、Cry9C）可毒死欧洲玉米螟虫——这是玉米农夫的大敌。

以苏云金芽孢杆菌为农药的观念，在基因工程开始后，很快就派上用场：将苏云金芽孢杆菌毒素基因插入作物的基因组，而非天女散花般、漫无目标地喷洒在作物田。优点是只有吃作物的昆虫才会中毒，不像外用农药般杀无赦；而且作物全身均具毒性，不像传统喷药只保护到外表的茎叶，无力照顾到根部和作物内部组织。因此，转基因玉米比有机与传统玉米，平均减少了九成的致癌性霉菌毒素，例如黄曲霉素和伏马镰孢毒素。

反对转基因苏云金芽孢杆菌玉米者批评：这些转基因玉米会杀死棉铃虫的自然寄生天敌，将帮助其他害虫增加数量，其成功只是短期的，因为棉铃虫将会变得有抗药性。

其实几十年来，农夫已广泛在有机作物上喷洒苏云金芽孢杆菌，但抗药性情况甚少。种植转基因苏云金芽孢杆菌玉米只需要更少的杀虫剂，如何增加害虫的抗药性？而且玉米产量可大增，农夫每公顷增

喷洒苏云金芽孢杆菌时，不用穿戴手套口罩等安全防护。（图片来源："农委会"）

加收益500美元，可说利远远大于弊。

　　很可惜，有机农作者强烈反对转基因苏云金芽孢杆菌作物。其实，将产生苏云金芽孢杆菌毒素的基因转移到作物中，只减少咬食作物的害虫，不伤及无辜，恰好符合有机农作的哲理。美国农业部认为，需要管制的产品是根据其风险，而非生产方式；因此提议诸如"能将染色体加倍的秋水仙碱、辐射突变法"等有机团体使用的改变基因技术，和转基因均应一视同仁，平等对待。

　　另外，有人言之凿凿说，某些昆虫已经对苏云金芽孢杆菌杀虫剂产生抵抗力了，这便意味着有些昆虫可能对转基因苏云金芽孢杆菌作物也会产生抵抗力。然而事实上，在1996年至2002年期间，苏云金芽孢杆菌作物在全世界的栽种面积达6 000多万公顷，并没有出现过昆虫产生抵抗力的记录，也许这和美国环保署的要求有关（栽种苏云金芽孢杆菌作物时，必须有防止抗性产生的管理计划）。

话说回来，用苏云金芽孢杆菌转入来保护作物，只是人类在进化历程的"军备竞赛"中，暗助作物一臂之力的例子。因此长期下来，若昆虫接着进化出抵抗苏云金芽孢杆菌毒素的能力，也不足为奇。进化的军备竞赛本来就无休无止，魔高一尺、道高一丈，就像抗生素，只要不滥用，并持续研发，总是能造福人群。

谁不爱惜蝴蝶？

美国康奈尔大学昆虫学教授洛西（John Losey）团队于1999年5月在《自然》期刊发表文章，宣称苏云金芽孢杆菌玉米花粉杀死大桦斑蝶幼虫；结果，《纽约时报》头版标题就是"昆虫世界的斑比"，意指美丽可爱的蝴蝶受到伤害。这则新闻即刻导致反转基因的声浪飙涨，环保团体趁机鼓噪，"地球之友"公告："若杀死蝴蝶的致命毒素进入我们的食物链，则这些毒物对你和家人会产生什么效应？"

美国"忧思科学家联盟"成员梅隆（Margaret Mellon）后来对媒体承认："我们努力让这议题大量曝光，因为若无媒体的注意，无事可成。"

美国农业部和加拿大农业单位等，因媒体的大幅报道，而联合大规模研究大桦斑蝶生态，例如，苏云金芽孢杆菌玉米花粉对幼虫的效应、乳草聚落、花粉数量、蝴蝶产卵期与玉米掉花粉期（十天）到底重叠多久？研究结果于2001年9月发表在《美国国家科学院研究汇刊》，但这澄清时机槽透了，因为美国正遭受911恐怖攻击，没人注意到这个研究结果。洛西的"媒体宠儿形象"和政府澄清的"默默无闻"，让科学期刊慨叹："蝴蝶死亡的影像还是存留在民众心中，当成反对转基因的理由。"环保组织也没有因为这项研究的澄清，而改变反对立场。

在科学界，许多科学家批评罗西：过度渲染结果、研究不精确，更严重的是，实验条件远远超出大桦斑蝶实际的遭遇——洛西直接将幼虫放在苏云金芽孢杆菌玉米花粉上，没有给蝴蝶幼虫吃或不吃的选择。有昆虫专家指出："蝴蝶食用苏云金芽孢杆菌玉米花粉当然会受伤，问题是，在自然环境中，蝴蝶不会去吃苏云金芽孢杆菌玉米花粉。"转基因玉米制造的杀虫 Cry 蛋白，本来就会杀死幼虫，罗西的康奈尔昆虫系同事谢尔顿（Anthony Shelton）说："昆虫学家均知，以苏云金芽孢杆菌毒素喂食大桦斑蝶幼虫，幼虫本来就会死翘翘。"环保人士也心知肚明。

事实上，大桦斑蝶只啃食乳草（milkweed），因此大桦斑蝶又名乳草蝶（彩图23）。它们将卵产在乳草叶子上，幼虫（彩图24）即可吃乳草，但只吃两星期就成茧，然后长成蝴蝶。乳草有毒，幼虫吃乳草时就逐渐累积毒素，因而蝴蝶一身毒，这倒保护了大桦斑蝶免于鸟类等捕食者的魔掌。这个招数让其他蝴蝶也进化成大桦斑蝶模样，以免被吞食（即使它们身上无毒）。若要玉米粉伤到大桦斑蝶幼虫，必须是玉米花粉飘落在乳草上的时候；但洛西的论文并未指出这个关键。

植物和昆虫之间一直进行化学战，以求存活，就像乳草产生毒素以防昆虫啃食，或像大桦斑蝶进化出规避乳草毒素的能力。

——费多罗夫，美国国家科学院院士

《美国国家科学院研究汇刊》的论文指出，即使在最糟情况的假设下（产卵期间和玉米掉花粉的时间重叠），只有0.4%的大桦斑蝶面临苏云金芽孢杆菌玉米花粉毒素的风险。另一假设情况是全部种植苏云金芽孢杆菌种（但依规定，转基因田地之间需留缓冲区种植他物，因此最多八成玉米是转基因的），则只有0.05%的大桦斑蝶可能遭受风险。

国际食物政策研究所所长平楚安森（Per Pinstrup-Andersen）在2000年评论大桦斑蝶事件："传统杀虫剂不分敌我，能杀掉许多无辜昆虫，但是苏云金芽孢杆菌作物的杀虫效果，目标明确且范围受到控制，却招致激烈攻击，实在离谱。"即使北美蝴蝶学会理事长格拉斯贝格（Jeffery Glassberg）也承认："其实对大桦斑蝶有其他更惨的威胁，刈草和除草剂就更伤蝴蝶。"

后续研究又发现，在野外，植物叶片上平均每半方厘米只有6颗到78颗玉米花粉；只要在150颗以下，就不会有明显危害。因此，自然界的转基因玉米不至于危害大桦斑蝶幼虫的生存。

似乎，转基因苏云金芽孢杆菌玉米的优点（减少农药与虫害、增加生产、助益环保）敌不过遐想的风险。转基因抗虫害玉米可减少化学药剂的使用，等于间接增加了蝴蝶和其他昆虫的数量。

真正需要评估的环境问题，并不是转基因玉米是否杀死了大桦斑蝶幼虫，而是和使用一般化学除虫剂的玉米相比，转基因玉米对环境究竟有什么影响。我们应当要关注的是相对风险，而不是目光如豆，只关切被孤立于自然生态环境之外的单一事件。但是很显然，这样的理性分析和系统思考，不符合反转基因者的胃口。

大鼠被谁伤到？

1998年8月10日，英国罗威特研究所的科学家普兹泰（第六章预告过），上电视宣称，转基因马铃薯伤害大鼠的免疫系统，妨碍大鼠成长，又说他本人不会食用转基因食物，而让民众当白老鼠实验转基因食物，是很不公平的事。普兹泰的话立即传遍全球，被称为"中毒大鼠案件"；罗威特研究所迅即被媒体挤爆。

罗威特研究所的所长检查普兹泰的实验，发现那是糊涂账，于是封锁普兹泰的实验室，把实验记录交给稽核委员会，后来将普兹泰炒鱿鱼。稽核委员会在1998年10月发表报告，指出普兹泰的数据并不支持其宣称。英国皇家学会也仔细审核普兹泰的研究，找了统计、临床、生理、营养、遗传、生长发展、免疫等领域的专家过目，结论是普兹泰的实验设计不佳、统计有问题、结果不一致；例如，大鼠样本数太少，缺乏统计意义。总之，不应该导出他宣称的结论；皇家学会建议重做实验。[1]

普兹泰是把表现"雪花莲凝集素"的基因，转移到马铃薯。关于雪花莲凝集素，科学家先是在植物上发现凝集素，后来在动物身上也发现许多不同种类。凝集素的功能之一是辨认致病细菌和病毒；对植物而言，凝集素是对抗昆虫的利器，有些植物的凝集素毒性相当强，而雪花莲凝集素则对米等谷物的一些害虫稍微有毒。

普兹泰以往的研究显示，大鼠食用雪花莲凝集素是安全的。将编码雪花莲凝集素的基因，转移到马铃薯和米时，会增加植物的抵抗害虫能力；因此，雪花莲凝集素将如何影响人类消化道是一个重要问题，普兹泰就是想用大鼠实验求答案。

1　但普兹泰又在英国著名的医学期刊《刺络针》(Lancet)闯关成功，发表原始结果。后来，英国政府"生物技术与生命科学研究委员会"指责该期刊，不该刊出普兹泰的研究。

人类早已吃下不少凝集素，它广泛存在于大部分植物中，不易受烹煮过程破坏或被消化酶破坏，所以有时会导致食物中毒的症状。例如，菜豆中有一种凝集素，会导致呕吐和痢疾般的中毒症状。

因为雪花莲凝集素有可能致毒，作物中若含它，就需要厘清其致毒性。苏格兰政府在1995年出资委托，由英国德伦大学提供转基因马铃薯，交给罗威特研究所从事化学分析。普兹泰就开始进行喂大鼠的实验，比较同一品系马铃薯受转基因（实验组）和没转基因（对照组）的作用。结果是实验组的大鼠器官远小于对照组，淋巴细胞也受到抑制。普兹泰如获至宝，就直接上电视公开宣称此转基因马铃薯导致毒性。

普兹泰实验的盲点

但是普兹泰的对照组，其实是喂食没转基因的马铃薯还加上纯的雪花莲凝集素；而既然对照组的大鼠没事，那就表示大鼠食用雪花莲凝集素是安全的。普兹泰的研究结果，充其量只能显示转基因马铃薯和原品系有差别。其他科学家进行了马铃薯凝集素和雪花莲凝集素等蛋白质的化学分析之后，发现蛋白质浓度在转基因马铃薯与非转基因马铃薯之间有差异，在不同品系的转基因马铃薯之间也不同。因此，普兹泰看到的，很可能并非转入的DNA之故，而是组织培养引起的变异。

作物育种者早就知道"组织培养变异"这个变因。普兹泰宣称转基因导致问题，其实没有证据支持。普兹泰的实验被批评样本太少，生马铃薯（未煮过的马铃薯）本来就对大鼠不利。整个实验过程中，居然没看出中心盲点：缺乏适宜的对照组。在普兹泰的实验中，转基因马铃薯与非转基因马铃薯并非相同组织培养的（育种历史不同），因此不能相比较。对于营养学家来说，普兹泰的结论或许可成立，但是对于组织培养专家来说，就可看出关键的错误。组织培养衍生的马铃薯和原来的马铃薯不同，也许是组织变化导致毒性，而非新基因导致的。

总之，普兹泰的实验欠缺严谨度，又轻率推论，急于在媒体上曝光，终于搞出这一出乌龙事件。

这个英国转基因玉米与大鼠事件，当年台湾地区媒体也广为报道。中国台湾"卫生署"在2005年5月26日，慎重发布新闻稿《通过食用安全性评估之转基因食品，并无影响健康之疑虑》，指出：有关转基因食品对人类健康的影响，在2000年5月世界卫生大会期间，便针对转基因食品的安全性进行广泛讨论，世界卫生组织亦提出相关声明，认为现今国际市场上流通的转基因食品，皆已通过食用安全性风险评估，并不会对人体健康带来危害。

神经科学家也来搅局

科学界另有一桩类似事件：俄罗斯神经科学家艾玛科娃（Irina Ermakova）做了转基因大豆喂食大鼠的实验，结果发表于绿色和平组织2005年12月在德国举行的会议"表观遗传学、转基因植物、风险评估"（Epigenetics，Transgenic Plants & Risk Assessment）。艾玛科娃宣称大鼠喂食转基因大豆时，生育能力下降，而其后代发育不良，存活率也低。反转基因者当然大力广为宣传她的文章和结论[1]。

1　2012年4月，台湾反转基因者邀请美国史密斯来台宣传其书《欺骗的种子》，报道就写到：俄罗斯科学家以与进口到台湾相同的转基因大豆喂食母鼠，发现出生的老鼠体型明显变小。老鼠喂食转基因大豆到了二代，死亡增加四倍到五倍，第三代则无生殖能力，而且嘴巴长毛。

其他科学家进行后续验证时，批评艾玛科娃的实验错误真不少。例如，对照组幼鼠的死亡率也很高，表示大鼠照顾得不好，或缺乏适当的饮食；不论实验组或对照组，幼鼠体重都比平均值低20%多，更显示大鼠受到虐待或营养不良；喂食大鼠的两种大豆可能是两个不同的品种或混合品种（具有完全不同的养分含量），而非仅有转基因与非转基因的差异。因此，无法由艾玛科娃的实验提出有用的数据。

《自然·生物技术》期刊评论说，这显示艾玛科娃的实验有许多错误，是无用的实验。另外，有科学家认为她很虚伪，因为她之前发信表明，她对自己实验的结果没把握，但后来她充分把握每个场合，宣扬其实验，又把结论夸大化。

艾玛科娃缺乏同行评议的论文，实在无法跟其他经过严谨实验和同行评议的论文相提并论。在2007年，日本科学家发表了重复验证她实验过程的论文，指出喂食转基因或非转基因大豆，并无显著差异。艾玛科娃事件，又是一桩反转基因者"为反对而不择手段"的案例。

转基因玉米引发肿瘤？

2012年，法国卡昂大学赛拉利尼（Gilles-Eric Seralini）团队发表报告：以转基因玉米喂食大鼠，发现大鼠会产生肿瘤，并出现多重器官损伤。美国《食品与化学毒物学期刊》网络版于9月19日刊登了这篇论文。结果又引发一波恐慌，俄罗斯暂停进口该项转基因作物，而法国政府一方面要求监管机构深入调查这项发现，一方面却又声明："该研究证实，过去毒物学对于转基因作物的研究仍有不足，同时也证明与支持法国当局，中止境内栽种转基因作物的合理立场。"

但是在10月1日，德国联邦风险评估研究所发表了回应文章《不需

再评估转基因玉米，也不影响核准除草剂》，指出卡昂大学的研究，实验
设计与数据有缺陷，其数据并不支持其结论。相反的，一些针对转基因
玉米的长期研究，已显示并无任何致癌可能、早死或影响荷尔蒙系统。

　　10月4日，欧洲食物安全署也发表评论：赛拉利尼团队的该项研
究，科学品质不佳，不能视为有效的风险评估；因此，该署不需要重
新检视此转基因玉米的评估，也不会在持续的评估中纳入该项研究。
11月28日，欧洲食物安全署又发表声明，这回语气相当强硬：更确定
赛拉利尼团队的该项研究不合科学标准，无须再评估之前的转基因玉
米安全规范；也希望《食品与化学毒物学期刊》撤销该篇论文。

　　一些专家也提出质疑：该项研究计划的主导者及其资助单位属于
反转基因食品阵营，宣称这是第一个长期实验；但是《食品与化学毒
物学期刊》其实已经刊登过24个研究，无一宣称转基因作物有问题。
赛拉利尼团队的研究缺乏统计分析，每分组、每性别只用十只大鼠进
行实验，数量太少了（至少要五十只，才具有统计意义）。而且，实验
用的Sprague-Dawley大鼠，在无限制进食下，本来就容易发生乳腺癌
等肿瘤。赛拉利尼团队的研究既没有提供食物摄取量测试数据，也欠
缺毒理学常有的标准偏差测试。总之，研究缺失一箩筐。

　　澳洲植物功能基因组中心教授特斯特（Mark Tester）说得好："假
如伤害这么大，而确实关乎人类，那么北美洲人何故没有大批死亡？
食物链上的转基因已出现了逾十年，人类的寿命却持续延长。"

玉米风波，乌龙连连

　　大部分转基因玉米使用可产生Cry1Ab蛋白质的苏云金芽孢杆菌，

但是美国星联（StarLink）玉米是唯一使用可产生Cry9C蛋白质的苏云金芽孢杆菌。美国环保署测试了这两种蛋白质：Cry1Ab易于消化，在烹煮后无作用；即使在相当高的剂量（每公斤玉米中含4克），也不至于对实验室的动物产生毒性，因此美国环保署批准Cry1Ab可给人食用。但是Cry9C只被核准喂食动物，因为混合了胃酸和消化酶之后，Cry9C不像Cry1Ab那样快速分解。

抗拒消化是评估潜在过敏原的标准之一，但是这并不表示Cry9C会让人过敏，只是"有嫌疑"而已。美国环保署要求星联玉米必须进一步做实验，以决定是否要核准供人食用。这时候，开发星联玉米的安万特（Aventis）公司决定先当动物饲料卖，待进行更多实验后，才申请供人食用。

农夫买了星联玉米种子，应按照规定，在星联玉米田和其他玉米田之间，空出660英尺（约200米）宽的缓冲地带，种植其他作物，谷物不可共储存在同一大谷仓中，也不可将星玉米卖给人食用。安万特倒是很负责任地调查农民是否违规，在1999年12月，向环保署回报结果（普查230人，其中29人不知规定），但却没采取行动约束农民。

星联玉米惹的祸？

几个月后，美国环保署召开专家会议，建议测试方式，以便决定是否核准供人食用。但在执行建议之前，《华盛顿邮报》刊载，有人在墨西哥卷饼中发现1%星联玉米！这个"爆料"导致厂商召回卷饼、玉米片等含玉米的食物；后续的补偿和诉讼，让安万特公司损失超过一亿美元。

当初，美国食品药物管理局一直接到民众通报，说发生了食用墨西哥卷饼、玉米片而过敏的情况，食品药物管理局就立刻请疾病控制暨预防中心（CDC）检测这些民众，看看血清中是否包含对Cry9C蛋白质过敏的免疫球蛋白E（IgE）。结果28位受测民众确实有过敏现象，但均非对Cry9C蛋白质过敏。

2001年7月，美国环保署审核安万特申请星联玉米供人食用的文件时，即已注意到文件上记载，Cry9C蛋白质在潮湿或受热时（制作卷饼必需的步骤），更易于分解。环保署科学家于是进行试验，结果证实那些步骤几乎移除了所有的Cry9C蛋白质。这些测试是由环保组织"地球之友"主办的，包括后续的发展，均无法证明星联玉米含有过敏原。

星联玉米事件很快就受到全球瞩目，各地媒体均耸动地把转基因玉米渲染成"会导致过敏"。但事实并不是这样，也不见媒体厘清。

历来，在转基因辩论中，很容易遭到忽略的议题是：转基因可让食物更安全。例如，苏云金芽孢杆菌作物其实包含更少的霉菌伏马镰孢毒素（它会导致马和猪的病死甚至可能导致人的一些癌症）。欧洲玉米螟虫钻开玉米粒时，就在替霉菌打通路。伏马镰孢毒素可在各地玉米中找到，温暖和亚热带地区尤其严重；2000年普查发现，美非亚各地的玉米含毒素的比例，竟高达六成到八成。

阻绝方法是减少霉菌进入玉米的机会，例如杀死玉米螟虫。苏云金芽孢杆菌可杀死玉米螟虫（彩图25），因此能保护玉米。在美国有研究发现，苏云金芽孢杆菌玉米降低了九成多的伏马镰孢毒素。类似结果也在法国、意大利、西班牙发现。

墨西哥原生玉米遭到污染了吗？

美国加州大学伯克利分校的查佩拉（Ignacio Chapela）团队，于

位于墨西哥市的国际玉米与小麦改进中心（CIMMYT），目的在协助发展中国家对抗贫穷及加强食物安全。（图片来源：Wikimedia Common）

2000年年底到墨西哥瓦哈卡地区采集玉米标本，该地是玉米多样性的中心，玉米种类之多称冠全球，分由农家小规模的种植。国际玉米与小麦改进中心主任伊旺纳葛（Masa Iwanaga）说："农民今天种植的品种，和几十年前种植的有些不同，和几百年前种植的更不一样，因为农民和环境一起改变了玉米的进化。"

查佩拉团队宣称，瓦哈卡地区的玉米标本含有外来基因的污染——花椰菜花叶病毒启动子和苏云金芽孢杆菌基因。但墨西哥早在1998年就禁止种植转基因玉米，以保护这些原生种。因此，污染究竟打哪来的？

2001年9月，查佩拉通知墨西哥当局此污染事件，墨西哥政府就开始自行检验。2001年11月，《自然》期刊登出查佩拉团队的研究结果；但是一个月以前，查佩拉团队就已经和墨西哥政府官员联袂出席记者会，宣布了污染事件。论文正式发表之前，就向媒体宣告，这种举动有违科学界发表研究成果的严谨程序，不免让人质疑有哗众取宠之嫌。

尤其让科学家困惑的是，该篇论文的两项额外宣称：一是外来的DNA已经"种间天然回交"（introgress）到本地种；二是它在不同样本

中，是附着到不同的DNA序列中，甚至附着到单一样本中的不同序列
里。亦即，DNA已经断裂成小片段了，到处窜流于基因组中，有可能
导致基因突变；总之，代表这基因已经失控了。查佩拉团队指控的是
花椰菜花叶病毒启动子，这让人遐想：玉米杂交时，启动子会取代其
他基因，而导致难以想象的后果；甚至有人认为，启动子的散布比抗
虫害基因的散布更严重，若查佩拉团队的指控为真，那就是敲响了所
有转基因作物的警钟。

　　但是五个月后，《自然》期刊宣布：其实不应该刊登查佩拉团队的
论文。查佩拉团队使用聚合酶连锁反应[1]，宣称在一些样本中，侦测到
很短的花椰菜花叶病毒启动子片段，长度仅有200碱基对，而其胶体电
泳呈现的条带（band）微弱，该篇论文解释原因为：外源基因只存在
一小部分玉米核仁中。但这个解释更让专家疑惑：论文章标题是《外
源DNA天然回交到墨西哥瓦哈卡传统原生玉米中》，若是只有一小部
分核仁存在外源基因，怎能宣称是天然回交呢？

　　天然回交的意义是：原生种和转基因种杂交之后，将外源基因
（在此为花椰菜花叶病毒启动子）引入杂交种，而且杂交种又与原生种
回交，将外源基因引入原生种。问题是天然回交后，外源基因不会只
存在一小部分核仁中，而会出现在所有核仁中。

　　那么，其中到底出了什么差池呢？一个可能的答案是查佩拉团队
的样本受到污染。查佩拉团队使用巢式聚合连锁反应寻找条带，因为
这个方法可找出微量DNA，但是这方法有风险，只要微量污染就会导

1　聚合酶连锁反应（PCR, polymerase chain reaction）用于扩增特定的DNA片段，该反应
　可在生物体外进行。

致阳性反应。查佩拉团队曾操作两批对照组以求可信度，一批是该地区1971年的样本，另一批是孟山都公司的转基因产品。检测结果前者呈现阴性反应，这就对了，当年并无转基因作物嘛；后者呈现阳性反应，这也对了，本该如此嘛。然而，后者的操作过程有可能污染了瓦哈卡样本，使之呈现伪阳性。《自然》期刊编辑部收到的抗议信指出，查佩拉团队应该进行标准后续测试，以消除伪阳性。

也许查佩拉的解释有道理呢，亦即瓦哈卡玉米已经接受到附近转基因玉米的花粉。若是如此，则种植这些玉米就可以得到杂交种；但是查佩拉团队并没有种植，以测试杂交种。总之，他们缺乏进一步的确认。最让专家气愤的是，查佩拉团队宣称花椰菜花叶病毒启动子窜流基因组，而且已经失控。

《自然》期刊要求查佩拉团队提供更多资料以支持其宣称，但交来的新证据还是不足以支持。他们使用反向聚合酶连锁反应，但是用错了限制酶；另外，花椰菜花叶病毒启动子远长于200碱基对，在苏云金芽孢杆菌玉米其长度超过1 000碱基对，查佩拉团队在200碱基对的尾端之外找寻DNA片段时，应该会找到更多花椰菜花叶病毒启动子的序列。查佩拉团队应该自问："是否有额外的花椰菜花叶病毒和其他转基因序列邻近此200碱基对？"答案是"没有"。因此，查佩拉团队在反向聚合酶连锁反应中放大的是假条带。

要检测启动子是否窜流，可使用标准聚合连锁反应，以新引子检测花椰菜花叶病毒的片段序列即行。但他们没这么做，《自然》期刊也没要求补做，弄得《自然》期刊的编辑部后悔不已。后来，媒体在2002年4月报道，查佩拉团队近乎认错了。种群遗传专家指出：墨西哥原生种玉米并未达到作物物种的标准，因为它们不均匀或不稳定；

刻意维护其静态形式，只会伤害它们；若要保存原生种，不如保存"主动的基因流动"——若苏云金芽孢杆菌基因能够助益原生种存活，就值得保留。

肯尼亚个案的省思：民生科技不敌政治

转基因作物意在造福民生，但不当的科学研究和宣称，只会徒增困扰和误导民众而已。

> 已开发国家的人，当然可以自由地辩论转基因食物的优缺点，但是我们（非洲饥饿同胞）可以先吃点东西吧？
>
> ——温布古（Florence Wambugu），肯尼亚植物学家

温布古生于肯尼亚贫穷农家，母亲卖了家中仅有的一头牛，让她上中学。温布古大学念生物系，毕业后在肯尼亚农业研究所工作，跟随国际马铃薯中心的专家研究甘薯病毒。后来到美国攻读植物病虫害硕士学位，1991年到英国取得病毒与生物技术博士学位。

在肯尼亚，失去甘薯可让全家人饿肚子，"甘薯为主食，没东西可吃的话，它总是在后院"。2000年，温布古接受英国《新科学家》杂志访问时这么说明。甘薯在同样耕种面积所提供的食物能量和营养，比其他食物都多，但在非洲，每公亩的甘薯产量仅为世界产量的一半，病毒危害是一大原因。

德国波昂大学的凯姆（Matin Qaim）发表《肯尼亚转基因抗病毒甘薯的经济效益》研究报告指出，转基因抗病毒甘薯可增加甘薯产量两成（温布古则认为产量可加倍），则农家收入可增加三成，让儿童的食物增

加，因为"三成的非洲儿童由于农收不佳，而遭受长期营养不良"。非洲每年砍伐500万公顷森林以增加耕地，但是即使接受食物外援和进口，每人食物量还是愈来愈少。温布古认为非洲错过"绿色革命"，不能再错过下一波；非洲需要挑选适宜的技术来运用。温布古已使用传统育种方式，改良甘薯抵抗病毒和害虫的能力，但多年下来并无显著成果。

1980年代，孟山都公司和美国华盛顿大学的比奇教授合作，以插入病毒鞘蛋白基因而研发出第一种抗病毒植物。后来，孟山都和美国开发署合作进行根块茎病毒保护计划，因为块茎等最易受病毒侵害，而且尚无其他方法可解决此问题；他们想找非洲科学家合作，以便找出最适宜研究的目标作物，于是找上了温布古。

1992年，温布古带着七种甘薯来到孟山都，研究抵抗甘薯羽状斑驳病毒的生物技术。使用非洲病毒载体和"密码子最适化"技术（可增加鞘蛋白基因的表现程度）研发之后，适合肯尼亚当地的抗病毒甘薯终于问世。

但是，十多年后肯尼亚仍未批准栽种此转基因甘薯。美国卫斯理学院教授帕尔伯格（Robert Paarlberg）曾写书《审慎的政治：转基因作物在发展中国家》解释："贫穷发展中国家的领袖若是政治上审慎，就很难欢迎来自美国私人企业孟山都的转基因种子。"巴西尚未批准转基因大豆、印度尚未批准苏云金芽孢杆菌棉花，也都是基于它们是孟山都的产品。（但是中国大陆批准孟山都苏云金芽孢杆菌棉花的一个原因是，可同时批准本土科学家的转基因产品。）

为何这些生物技术迟迟无法造福非洲农民？温布古在2001年告诉美国《华盛顿邮报》："因为批评者宣称，非洲人没有机会享受生物技术之福，非洲人会被跨国公司利用。这些批评者从未遭遇非洲经历的饥

转基因耐旱小麦，即便在干裂的土地也能存活。这原本也是可以造福非洲农民的作物。

（图片来源：国际农业研究磋商组织）

荒，居然满足于让非洲依赖已开发国家捐赠食物，而同时又有大规模饥荒发生。"《新科学家》杂志在2001年询问温布古，她是否为孟山都在非洲的使徒？温布古回答："有人以为我替孟山都奋斗，但我自认为20年来一直是生物技术的关系人，我相信它可造福同胞，因此我为此技术而奋斗。"

印度"鼓吹基因"（Gene Campaign）组织的董事长、遗传学家萨海（Suman Sahai）指出，转基因食物的争议是"食物不虞匮乏的社会"特有的现象；在印度，丘陵地区的水果，高达六成在送达市场前已经腐烂[1]，应该要运用可让水果延后成熟的技术，例如美国转基因番茄"佳味"。在落后地区，饥荒和饿死是常态，粮食需求迫切而导致环境恶化（过度开发、超量使用杀虫剂），作物一旦遭受害虫摧毁，可能即如宣判农家死刑。

部分非洲国家拒绝转基因的原因，和贸易有关：因非洲出产的食

1　2013年年初，英国机械工程师学会报告指出，每年全球约有三到五成（12亿至20亿吨）食物遭丢弃，因为储存方法不当、过于严格的销售期限、卖相不佳等。

品主要是销往欧洲，所以各国也都追随欧盟而排斥转基因食品（仅南非例外）。许多亚洲国家拒绝栽种转基因作物，也是因为担心转基因食品出口欧洲会受阻。

丑化转基因的例子：基因使用限制技术

"基因使用限制技术"（genetic use restriction technology，简称GURT），或称为"终结技术"或"自杀种子"，目的在于限制使用转基因作物的方式。基因使用限制技术是由美国农业部与民间的岱字棉（Delta and Pine Land）公司在1990年合作开发的。[1]

基因使用限制技术使得转基因作物的种子不具有生殖能力，这样可以减少"自生苗"（volunteer plant）的传播。在运用作物轮作的大规模机械化农场中，自生苗会成为经济问题；例如，在温暖潮湿的情况下收割，未经基因使用限制技术处理的谷类，可能发芽，从而降低了粮食的品质。基因使用限制技术也能避免转基因逃逸，而影响到生物多样性。还有，将作物改造成为可生产"非食品"产品时，运用基因使用限制技术，可避免意外传递这些特质到食用作物中。因此，基因使用限制技术能够用来协助管理转基因作物，以确保只有在想要的农业环境中，才出现转基因作物。

1　基因使用限制技术（GURT）一般是指品种基因使用限制技术（variety GURT，简称V-GURT），这可让作物的种子无生殖能力。另有一种是特质基因使用限制技术（trait GURT，简称T-GURT），或称叛徒技术，其特定转殖基因性状的表达，需要"可逆转基因不育"（reversible transgenic sterility）技术，例如，喷洒某专利化学诱发剂（四环素类抗生素）以"唤醒"该特质性状。在缺乏知识产权保护的地区，基因使用限制技术是生物技术公司有意愿研发的诱因之一。

　　另一方面，农业公司若是运用基因使用限制技术，转基因作物便无法繁衍下一代，农民就得每年购买新种子，农业公司自然收入丰厚，好处是农业公司就有更多本钱，可研发更好（高产量或其他性状）的种子。但从农民的角度来看，就不是那么公平了。

　　自由经济市场上，有个并行的做法是，农民可以购买普通种子、然后每年种植自己的种子，或是每年向农业公司购买更好的种子。农民可自行衡量要采用前者或后者。在美国，农业公司需要努力使农民每一年都更加有利可图，包括帮农民省钱（省农药用量、省劳力、省燃料和设备开支）、帮农民增加收入、让农民享受服务的便利、降低财务风险以及减少接触化学品的机会，这样农民才会愿意年年上门。在各式种子中，转基因种子能够脱颖而出，表示农民评估效益的结果后，很乐于采用。至今，美国每年已有超过27万位农夫，签约购买转基因专利种子。

　　其实不只是转基因种子，传统育种的种子也一样，农夫大多选择每次购买新的杂交种子来种植，而不保存自交的种子。原因是杂交种子是由异花授粉植物产生，比起自交种子，前者具有杂种优势，可能产生更佳的品质，诸如产量提高、抗病力增加。（农夫第一年种的虽也是杂交种子，但却是相同的杂交种，这将使得下一代作物都成为自交种。）这也是当前农业产量大增的要因。

　　但是话说回来，基因使用限制技术的主要用途，还是在防止基因流动。运用这种技术的商业产品都是有胚乳的种子（胚乳是种子的养分储存处），例如水稻、小麦、玉米；也可用在无性繁殖的作物上，例如马铃薯或葡萄。但是无胚乳种子的商业产品，种子仅由胚和种皮构成，诸如豆科作物的花生、大豆等，就不会使用该技术（因为会阻止胚的发育）。基因使用限制技术还可用来产生无籽水果，像瓜类和茄子等。

丑化"自杀种子"

基因使用限制技术是个两面刃，就看如何使用以及用什么心态来描述它。很不幸，反转基因者抨击此转基因技术为"基因终结者"，造成贫农受剥削——农民用去年作物的种子来播种，才发现种子不发芽，于是被迫向贪婪的跨国农业公司，高价购买新种子。这就像西方人熟知的《雾都孤儿》[1] 故事中，饥寒交加的孤儿乞食一般。

反对者大规模宣传这样的恐慌，使得许多国家的政府禁止在农业运用基因使用限制技术。其实，这项技术的原始目标并不是要针对农民，防范他们使用前季的种子，然而反转基因人士就是这样宣传。

由于农民、原住民、非政府组织和一些国家的政府反对，"自杀种子"在全球均无商业化产品。在2000年，联合国生物多样性公约建议：暂停田间试验和商业销售"自杀种子"，到2006年时再确定。

基因使用限制技术其实并不是为了发展中国家的贫困农民而研发的（他们习惯使用自己的种子或当地的种子），而是为精通技术的农民研发的，因为他们能每季买得起基因使用限制技术的转基因种子，以防止转基因作物的基因流动。几十年来，使用品牌客制化种子（不论转基因与否）的农民，均充分了解，他们不回收种子，因为基因使用限制技术的效益在用过一代后即迅速萎缩。

另一方面，种子公司很清楚，小农可能一季又一季回收种子再

---

1 《雾都孤儿》（*Oliver Twist*）是英国作家狄更斯（Charles Dickens）于1838年出版的写实小说，曾改编为电影、电视剧、舞台剧。故事主角是孤儿常流浪街头挨饿和受虐待。《雾都孤儿》揭露许多当时的社会问题，试图唤起大众的注意。

利用，因此不让小农再利用种子，将有伤小农的利益，且引起小农反感——这与每季卖种子而获取的利益相比，实在不划算。

基因使用限制技术用途多多

虽然遭遇强烈反对，基因使用限制技术还是有以下六种显著的效益：（1）产生不育花粉，避免花粉导致基因流动；或阻止胚的发育，避免经由种子导致基因流动；（2）帮忙围阻转基因药物作物（这种作物能合成医疗活性成分）；（3）在植物育种上，诱导雄性不育是一个公认的工具，用以产生杂交种，诸如高粱和芥末，若不这样做就难以产生杂交种，而基因使用限制技术比传统的方法更容易做到这点；（4）如果触发物是种子病原体，例如晶粒黑穗病，或是宿主的产物（因应病原体进入发育中的谷物而产生），而非四环素类抗生素，控制植物基因的表现可能是一个福音，可在这些种子中阻止胚发育，避免将种子病原体传给下一代；（5）防止非法种植转基因作物；（6）由于基因使用限制技术可阻止转基因作物的基因流动，因此符合卡塔赫纳生物安全议定书的目标，而非如反转基因者宣称的威胁到生物多样性。

类似基因使用限制技术的是，荣获2006年诺贝尔生理医学奖的RNA干扰现象[1]。RNA干扰技术可运用于许多方面，原理都是借由基因

1　美国斯坦福大学医学院病理学暨遗传学教授法尔（Andrew Fire），与马萨诸塞州大学医学院分子医学教授梅洛（Craig Mello）在真核生物中发现RNA干扰（RNA interference，简称RNAi）现象，证明了双链RNA能高效特异性地阻断相应基因的表达。RNA诱发的基因沉默现象，普遍存在于生物中，从酵母菌到哺乳类动物都可发现。当细胞中导入与内源性转运RNA编码区同源的双链RNA时，该转运RNA发生降解而导致基因表达沉默。与其他基因沉默现象不同的是，RNAi具有传递性，可在细胞之间传播，甚至还可使子代产生基因突变。RNA干扰与转录后基因沉默和转殖基因沉默是同一现象。

沉默的方式，来抑制基因的表现，达到所需的目的。例如用在基因治疗方面，可治疗B型肝炎、艾滋病等病毒引起的疾病；用在作物改良方面，可减少作物中会引起过敏的蛋白质成分，例如产生不含咖啡因的咖啡、无泪洋葱；用在生物体的研究方面，科学家可运用RNA干扰的方式，研究生物体内的信息传导路径，以研究胚胎发生过程中所牵涉到的基因。

留心知识产权问题

研发转基因作物的科学家，不只要面对反转基因人士的批评和污蔑，还有一个麻烦的问题必须面对，那就是知识产权。

现代社会中，随时与到处都有人提诉讼，志在救人的科学家需要注意知识产权，免得"好心没好报"，惹上官司与牢狱之灾。譬如，为了救人而研发出黄金米，但要赠送给贫民时，才发现它总共牵涉70个专利，分别属于32个不同的公司或大学。

目前，为了避免大型跨国公司可能控制地方的种子市场和农民，一些公立大学和公共机构成立"公共部门农业知识产权资源库"（Public-Sector Intellectual Property Resource for Agriculture，简称PIPRA），致力于将公共部门的研究结果公开，并确保使用自由。

即使有公家与善心人士相助，成效似乎不大。发展中国家就难以获得现代农业技术成果，例如获得新型种子。知识产权是个很麻烦的议题，为何弄到这个地步呢？这与下面要讨论的问题有关：为何弄得只剩跨国大公司从事转基因？

为何弄得只剩跨国大公司从事转基因？

现代人每天使用电脑，美国微软公司的作业系统似乎称霸全球，不满其"垄断"的声浪一直存在。

在转基因方面，全球只有少数厂商供应种子和作物，争议性比电脑软体更多。但平心而论，若无专利保护，哪有公司愿意投资研发？

自从转基因作物出现后，即使有愈来愈多的科学证据认可其安全性，许多反对者仍一直提出生物安全的问题。这种持续的反转基因声浪，导致全球生物技术监管体系的投入成本均以亿美元计，而被戏称为"最大的生物安全恶作剧"（biosafety hoax）。直到目前，管制的强度仍没有变轻的趋势，产生的高成本已经使得转基因研发与商品化变得非常昂贵，已不是小公司负担得起了。

就因为一些人不理性地强烈反对，基因科技的进化方向已不是朝向"帮助更多人的更佳用途上"，而是朝向"耗费更多成本来跨越更高的管制门槛"。

例如，在评估环境风险与生态毒性时，情况就有些复杂，因不容易有广为接受的指标生物。在某国选定的指标生物，往往到了第二个国家，就会被要求增减或替换指标生物，而且会被要求必须在当地重作环境安全评估，导致申请的时间延长，成本大幅增加。

各国制定的安全评估标准很高，以至于只有大型的种子公司能够负担得起，因为进行这些安全评估需要花费巨额的资金。举个例子，每个品系的转基因作物从研发到上市，平均大约需要5年到13年：分析作物的基因序列需要时间，接着将目标基因嵌入作物需要3年到5年，然后是从事法规要求的测试，大约10年。最后还需2年到5年生

由全球14国、300多位科学家组成的番茄基因组测序团队，经过10年努力，才完成番茄基因组测序。成果刊登在2012年5月31日的《自然》期刊。中国台湾唯一参加这项跨国研究的是成功大学生命科学系教授张松彬。

（图片来源：《自然》期刊）

产种子，才能上市。前前后后，总共需要花费5 000万美元到3亿美元的资金。这么费时与昂贵的作业，若非资源雄厚的大公司[1]，有谁负担得起？也难怪大公司汲汲营营于获取专利，来巩固自己的获利。

相对之下，"大熔炉般的"传统育种和"粗鲁的"辐射突变却"逍遥法外"，但"精雕细琢的"转基因却背了个大黑锅，可知这些巨额费用大致上是"人为祸害"，亦即，来自反转基因者和不了解基因科技者的造谣结果，真是大悲剧。

对转基因公司的控诉不能无限上纲

根据2007年的一份报告，转基因作物的研发成本约为政府核准成本（每种作物70万美元到400万美元）的两倍。研发产品上市前需

---

1 绿色和平组织认为生物技术公司从转基因牟利，是不能接受的事。这和盲目接受转基因（或盲目接受任何其他科技）均为走极端。若生物技术公司不销售转基因成果，谁肯做？商人（或任何人）若逾越法规，就该纠正、处罚，而非禁止商业活动（又是因噎废食）。类似的，转基因可否申请专利？也是可讨论的事，而非埋着头反转基因。

要10年到15年，因此企业要预估未来10年到15年的市场环境与法规等；而过去几十年来，食品法规标准愈来愈严格，使得相关的成本水涨船高。

转基因安全性认证，与国际贸易上的"检疫"相同；密闭式验证设施非常昂贵，并不是绝大部分研发单位负担得起的。田间试验程序繁杂与昂贵，在英国，每一笔申请手续费5 000英镑，另加每年800英镑给负责监控的专责机构，这还不计自己得支出设备与人力等直接费用。

对转基因公司的控诉不能无限上纲，我们可从增加竞争、防止垄断着手，而不能以民粹方式限制私人企业营利。转基因作物需要庞大资源才能从研发到上市，并且"活下去"（包括一直与反对者周旋），若非大公司有各部资源相互挹注，实在不易存活，这也是台湾地区仍无转基因作物上市的原因之一；许多国家亦然。

今天，全球的转基因种子由跨国大公司供应，但他们也提供大部分的传统农业种子。转基因成本的节节上升，弄得转基因公司非致力保护其收益不可（这也成为反转基因者的把柄），同时也使得公益育种计划和小团体无以为继，亦即，伤及在贫穷国家奋斗的小团体与当地的"孤儿作物"——例如龙爪稷（finger millet，耐贮存与耐旱的谷物，用作粮食、饲料或酿制啤酒，起源于非洲，主要生产区在印度）等贫穷地区特有的作物，由于不具全球市场，商业公司没兴趣研发。

最后是，只剩商业界"口袋够深"者足以研发。但若因不喜欢营利导向的大公司，而拒绝他们参与转基因，岂不等于断绝转基因科技的生路？

根据2010年10月《自然·生物技术》专文《转基因特用作物的商

品化瓶颈》的报道，从2000年起，几乎无任何新品种转基因特用作物获得核准上市，对照许多正在公私部门执行的研发计划，显然从研发到商品化生产之间，仍然有一大段瓶颈。"高成本、法规审查的不确定性"是主要因素。

反转基因者不满科学家在大公司任职后，转到政府机关掌管转基因相关事务，认为立场会偏颇，对转基因特别宽容。但人各有志，一生中不免会换工作，寻找他们的经验、技能和兴趣相匹配的职位。公共部门和私营部门能找到最适宜而有能力和经验的人时，彼此均获益。在大公司累积经验后，认为生物技术政策工作值得投入时，可能因而转向政府机关任职；就如不认同生物技术产业者，可能转向别的行业一样。反转基因者要严格监督政府，而非限制人才流动。

有机界不反科技，而需要加强创新

相对于一些激进的反转基因人士，致力解决饥荒的国际公益组织"乐施会"[1]，立场就显得中立。他们对转基因作物的主张是：使用转基因，需要根据人权原则（参与、透明、选项、可持续、公平）；要喂饱全球饥民，需要改变社会、政治、经济、文化等层面，而不是简单的技术解答。

乐施会知道：科技很重要，而近代生物科技可帮忙达到全球食物安全，但是农民必须是此程序的中心，且要加强农民的权益，而非损害其权益。乐施会认为：此时，转基因生物已成为一些参与者的好商

1　乐施会（Oxfam）于1942年在英国牛津成立，原名英国牛津饥荒救治委员会（Oxford Committee for Famine Relief），1965年起改以电报地址"OXFAM"为名称。多年来，乐施会开展各式策略，以对付饥荒的种种质因。

机，但大致上尚未造福穷困农民。

　　乐施会的政策与宣传部主任布卢默（Phil Bloomer），2012年3月在土壤协会的伦敦年会上指出：有机运动往往显得狭隘，实应更接纳诸如标记基因的科技，可让有机生产者大力加快品种改良。越界的转基因可能让人担心，但是物种间的转基因将是必要的。有机界使用标记基因提高效率或提高小麦品种的营养，为何要花费15年，而非1年？转基因只是我们常做的移动基因，但做得更快而已。

　　土壤协会执行长布朗宁（Helen Browning）则回应说：有机界并不反对标记辅助的育种，但转基因可能导致较差的生物多样性、种子拥有权集中化。土壤协会期待更公开的科技，让农民说出其需求；小心不要被"喂饱全球"的说辞所骗，而要找到"满足我们需求但不危害后代"的方式。盲目相信技术，不是我们需要的，且不可行。有机界需要与传统农民和科学家联盟，以便互相学习，而不会被称为"勒德分子"[1]。有机界不反科技，而需要加强创新。

民调的用字遣词，能操纵民意

　　科技的进化快速，新科技建立在诸多知识之上，即使专家也"隔行如隔山"，遑论一般民众。20世纪初，爱因斯坦被记者要求浅显地跟民众说明"相对论是什么"，他回答说，简单解释是可以，但是背后的知识需要长时间才能弄清楚。

1　有人说反转基因者如同"勒德分子"（Luddite，是19世纪英国工业革命时，反对纺织业而破坏纺织机器；现在意指反对工业化等新科技的人），因为无法容忍新颖的基因科技。对于风险，民众可粗分为三种人：不喜风险者、风险中性者、勇于冒险者。

（心理分析开山祖师弗洛伊德，酸溜溜地向爱因斯坦抱怨："全世界只有12个人懂得相对论，但是对于心理分析，人人都可插嘴。"）

若民众并非专家，要他们对困难复杂的科技问题（例如转基因作物）提供建议，岂不就像到咖啡店问侍者，我的心脏需要何种治疗？冠状动脉手术或服药？

——米勒，美国斯坦福大学教授

2000年，美国和欧盟举行民调，探寻民众对生物技术的观点，问卷题目同时也探知回答者的生物技术知识。例如，问题之一是"一般番茄不含基因，转基因番茄才含基因"，结果约有半数的欧美民众回答"错"（美国民众则为65%）。2002年8月，中国台湾"卫生署"民调出炉：只有36%知道"非转基因大豆没有基因，而转基因大豆有基因"为错（53%拒答[1]）。

民众是否了解基因科技？民众的观点可当基因科技政策的依据吗？试想，街头示威者声嘶力竭地高喊反对转基因番茄（其实可能不懂基因是什么），政府能当真、因而立法反对转基因番茄吗？事实上，"知道普通番茄有基因"和"了解转基因作物的安全性"之间的知识，还相差很多；粗略说，了解"基因科技是什么"还不等同于了解"基因科技的健康效应（和环境效应）"。

对于科技议题，民调可靠吗？媒体可信吗？

使用负面文字操纵民意

美国智库"公众议程"（Public Agenda）和慈善团体"拉斯克基金

1　为何拒答？因"无知"而怕人发现？

会"（Lasker Foundation），在2001年6月举办"干细胞"的民调，他们深知问题的描述方式影响答案，就将问题分用两种方式询问，例如：

（1）干细胞是人体所有组织与器官的来源，活胚胎在发育的第一周，就被破坏以取得干细胞；美国国会正在考虑，是否资助人胚胎干细胞的实验，你支持或反对使用纳税人的钱从事这些实验？

（2）有时候，辅助生育的诊所培养过多的受精卵（又称胚胎），没用在妇女子宫中孕育，这些过剩的胚胎就得丢弃，或是由当事人捐给医学研究（称为干细胞研究）；有些人支持干细胞研究，认为这是寻找许多疾病疗法的重要做法，你支持或反对干细胞研究吗？

结果，第一个问题有24%支持，第二个问题则有58%支持。这显示民意受到用字影响的"可塑性"，使用正面字眼（不但废物利用，而且胸怀救人道德大志）与负面字眼（暗示牺牲活胚胎以满足科学家的实验作为），则民意大不同。

美国广播公司也做过民调："联邦政府资助医学研究，你认为医学研究资助应该或不应该包括干细胞研究？"回答应该者占60%，而不应该者31%。但是同时，大多数人回答说，没注意过或没有了解此问题。因此，这次的民调很可能只是民众一时兴起的回答，多数人还弄不清干细胞为啥物，这样的民调可当决策依据吗？

异曲同工的是寻求"捐赠器官"时，表达方式不同，会影响捐赠意愿[1]：德国跟奥地利民俗近似，但奥地利人同意捐赠器官的比例几乎是100%，而德国只有12%；关键在于"器捐表格的呈现方式"，前

1　这就是诺贝尔经济奖得主卡内曼（Daniel Kahneman），在《快思慢想》书中所说的框架依赖（framing effect）：用不同的文字叙述方式，来呈现相同的信息，常会引发不同的情绪。

者是不想捐的人在格子中打钩，后者是要捐赠才在格子中打钩。可见"万物之灵"的人类，很轻易就会被"小操弄"左右。

民众回答民调时，事不关己就随便回答，若是和己身利益攸关，就会好好回答。例如，一提到要加税或自己付费时，则赞成者的比例通常大大降低。民意不是静态的，因此会出现"民意如流水"的说法。

戏法人人会变，但有些人深谙操纵之道，例如，使用带情绪色彩的字眼；又如，叙述隐含"所有"，其实只是"有些"；以过度简化的观念或口号来宣称、使用引喻失义的类比、随便贴标签或扣帽子……

自由社会人人皆可发言。无知时，对于负面的说辞，许多人易于宁可信其有。谁在反映民意呢？应为政客和媒体，因深谙操纵"沉默的多数"之术。当今网络盛行，只要一贴上网，就可能永远流传；另外，专家只要一次不澄清，就会多层面扩散，正是"野火烧不尽，春风吹又生"。

化作春泥更护花

　　人类自古即改造基因，用的是杂交育种、化学处理等方式；不论种植者或食用者或媒体，均"相安无事"。自从分子生物学诞生，人类更方便与精确地处理生物特质时，却惹来许多疑惑。在食品安全方面，即使如世界卫生组织与美国国家科学院等，深具公信力机构的澄清声明，反转基因者仍然坚持反对与散布恐慌。主因就是，不解或误解基因科技。

不熟转基因科技者，请谨慎发言

　　近代科学的特性之一是知识的"垂直累积"[1]与同行评议（科学是可以"证伪"的[2]）。转基因科技就是相当深钻的知识，若无适当的素养，恐怕难有正确的认知。

　　科学期刊多得不胜枚举，品质优劣差异很大，这可从期刊的"影响因子"（impact factor）来衡量。不了解科学体系运作机制的人，以为某份期刊有反对转基因的论文，往往如获至宝地引为证据，而广为宣传。其实，即使是第一流科学期刊发表的研究结果，也未必能获得圈内人认可，因为还需要由其他科学家进行重复验证[3]。

　　另外，媒体无力判断"专家"宣称的正确度，又喜欢耸动报道，因此，乐于负面报道转基因事件。而大部分的民众是从一般媒体得到新

1　例如，需要具备高中的化学、物理知识，才方便学习大学的有机化学和近代物理，接着，才适合研习分子生物学与生物化学等。若基础不稳，则后来的知识即非优质。

2　科学是可"证伪"的（falsifiable），经过一再检验后仍屹立不摇者，方可接受为科学。不明就里的人，以为科学随时会被推翻，而不敢信任科学。其实，这就是科学之美，此内建机制让科学一直除错与进步，不会故步自封或腐化，不像"教条式"信仰会导致文明退化。

3　其实，诸如《自然》《科学》等国际公认最重要的期刊，还是每年"撤销"多篇论文。

知，也往往不假思索、照单全收[1]。例如，1999年美国康奈尔团队宣称转基因玉米伤及蝴蝶、2012年法国卡昂大学团队宣称转基因玉米危害大鼠；在效果上，一般媒体只刊登"有害"的片面之词，但后续的澄清却乏人问津，而媒体也没兴趣追踪正面的报道，难怪民众害怕转基因。

2012年，美国加州提案，要求食物标示转基因成分，结果投票没过。在科学上，转基因食物并不比相对的传统食物有害，没过"算是公平"；但在公关操作上，反而遭反对人士拿来批评转基因公司财大气粗，动员封杀提案。经过媒体扩大渲染后，社会上的对立与怨怼更加深了，这真是人类的悲歌。

理念不等于是非

转基因食物上市已近20年，与安全相关的生物科技理论和实验已经累积相当多，要推翻目前科学上的结论，出现反转基因人士乐见的意外，机会可说相当低。不过，要用科学结论去改变某些人的成见和偏执，成功几率也不高吧。

有些人崇敬生命，坚持其神圣性，因此不可去更动。这些人打心底认为转基因是亵渎作为，或说是"操作生物基因"，因此坚决反对。他们只接受自然的变化，深恐转基因"弄巧成拙"，毁了现有的食物和环境。其实，我们已经一再解释过，传统育种让作物杂交，并不确知基因会怎么混合，这也是在进行转基因，而且是"挥舞一把大锤"式的转基因，却无人质疑。我们需要的是严格监督科学和产业界的作为，

1　2010年，著名的趋势专家大前研一，出版《低智商社会》，将日本的种种问题归因于"集体智商衰退"，例如，电视节目里如果说"纳豆对减肥有帮助"，第二天，超市里的纳豆就会被抢购一空。

而非封杀转基因科技。

　　同样的，主张有机的人士，往往自认正确、认为转基因错误，甚至宣称与转基因人士"理念不相容"。事实上，大家都是为了保护环境，应当正确了解相关知识与彼此的优缺点，取长补短。

　　有一些不喜欢生子生物学这类"还原论"的人士，也请尊重转基因的成就和贡献，不要一笔抹煞。至于有些人抬出"扮演上帝"之类的反转基因理由，其实诉诸信仰，只会因"信者恒信、不信者恒不信"，而加深对峙鸿沟，无助于沟通澄清。

　　也有反对转基因者认为，政府公权力没有严格把关，随便让转基因食品上市。实情先进国家的政府，一再检验与注意可能的新发展。若反对者坚持有问题，可到司法机关检举，而非散布不实谣言。包括世界卫生组织或美国国家科学院等，全世界那么多杰出的科学家和科技官员，他们的决定、他们的智慧与人格，难道就比这些反对人士差吗？

误解科技的悲剧

　　21世纪初，非洲南部作物一再歉收，使六个国家的千百万人面临饥饿。为此，美国提供粮食援助，其中包括大量玉米。但是在2002年，赞比亚总统拒绝美国援助的玉米，因为他说"转基因食物有毒"。

　　　赞比亚国民饥饿严重，许多村民吃树叶、树枝，甚至有毒的植物；联合国和人道援助组织均已表达美国捐赠的玉米是安全的，而且和美加国民吃的是一样的玉米。虽然赞比亚全国已饥荒三个月，但是赞比亚总统还说："我们宁可饿死，也不愿吃有毒的东西（玉米）。"

　　　　　　　　　　　　　　　　　　　　　——美国《洛杉矶邮报》

赞比亚总统为何认为转基因食品比树叶、树枝，甚至有毒的植物还不如？这是误解转基因科技的悲剧！反转基因者可知道"我不杀伯仁，伯仁因我而死"吗？

同样不幸的，当年有来自非洲140多个社团组织，支持赞比亚和辛巴威政府拒绝转基因食物的援助，还谴责美国政府无情施压非洲国家接受转基因食品，谴责联合国世界粮食计划和联合国各机构支持美国政府的立场。

反对者不了解基因科技，无知引起无谓的恐慌，误以为转基因就是加入有害或有毒物质，也不知道要比较各种食品和生产过程的风险，更不知道传统育种和辐照食品就是转基因，并非只有转基因科技才会改变基因。

在机会成本方面，一味要求非转基因，我们会失去什么？更多雨林遭到滥伐而改为耕种区？使用更多杀虫剂？导致更多霉菌之类的微生物污染食物？

另一误解科技的悲剧，就是本书一开头提到的黄金米。它是第一个为拯救生命而研发成功的转基因作物，但是一直遭受绿色和平组织打压。这让黄金米计划的主持人非常不满：

> 人道主义者很尽责地研发黄金米与进行田间实验，若你们要阻止，就会被控危害人类……也许你有机会在国际法庭上，为自己的非法和不道德行为辩护。
> ——波特里库斯，写给绿色和平组织的公开信，2001年2月

2008年4月22日世界地球日，绿色和平组织创建者之一的穆尔发表声明：绿色和平组织的领导者缺乏正规科学教育，而该组织善用恐慌术以获得支持，因此他在1986年离开了该组织。

2012年9月14日，穆尔又为文《绿色和平组织的危害人类罪》指

黄金米的主要催生者、瑞士苏
黎世联邦理工学院的教授波特
里库斯（Ingo Potrykus）。
（图片来源：黄金米计划）

出：绿色和平组织及其同伙多年来一直反对黄金米，又阻止田间试验
与推广，为了合理化自己的作为，反而宣称会有更好的办法可减轻维
生素 A 缺乏的问题；但绿色和平组织迄今并没有实际有效的行动，来
救助受干眼、夜盲、贫血、免疫力下降之苦的数百万儿童。

渐露曙光：合作产生力量

2012 年 5 月间，反转基因人士群集在英国洛桑研究中心（Rothamsted
Research）抗争，目标是转基因小麦。

洛桑研究中心创建于 1843 年，是英国政府资助的农业研究组织。
由于普通小麦易受蚜虫危害，科学家研究得知，蚜虫受到天敌攻击时，
会释出某种信息素来警告其他蚜虫，若把产生这种信息素的基因转移
到小麦上，那么转基因小麦就会产生这种信息素，可免于蚜虫找上身。
但是反转基因者认为不应该研发这样的转基因小麦，宣称蚜虫不出三
代就会习以为常，转基因小麦将丧失其功效，并且转基因小麦试验也
可能导致污染，危害欧洲小麦产业。

　　洛桑研究中心研发的转基因小麦，可大量减少杀虫剂的使用，已经申请田间试验获准。洛桑研究中心一方面请求反对者不要破坏田间试验的作物，也要求警方保护；一方面努力与媒体合作，邀请反转基因者座谈，还跟外界呼吁签名支持，结果有6 000人伸出援手。幸好，反对者势单力孤，洛桑研究中心终能顺利进行田间试验。

　　洛桑研究中心的胜利实在是一个特例，因为通常是，反对者深知结盟与"数人头"的威力，熟悉动员民众与操作媒体的技巧，但科学界往往只知科学事物、不谙人际关系，更不知民粹或政客的力道。洛桑研究中心确实为"合作产生力量"树立典范——科学界也应当多与媒体合作、与民众沟通，争取支持。

　　目前，气候变迁与全球暖化已损及粮食生产，加上人口渐增的庞大压力，应该有机会让人们抛开成见，合作处理转基因问题。

　　每个人都自有立场，就如唐朝魏徵所言："情有爱憎，憎者惟见其恶，爱者只见其善。"那该如何相处呢？　"爱憎之间，所宜详慎。爱而知其恶，憎而知其善。"

　　分子生物学为人类摸索大自然的一大进步，转基因是个优质的工具，我们需要正确地认识它、善用其优势，而非动员一知半解的民众来反对它。人类已经耗费太多资源在抗争上，大家可以将心力放在合作与善用科技上吗？

浓浓的谢意

科学家随时不可或忘，所有科技作为最关心的，总是人类福祉，则我们心力的成果将为人类祝福，而非诅咒。

——爱因斯坦，1931 年于加州理工学院

爱因斯坦的这一段讲词，传达了科学家共同的心声。

转基因技术应可大大助益人类，但误解其科学内涵，就会导致恐慌。（相对的，科技若遭滥用，也会导致麻烦，因此社会要监督，而科学家要自律。）

爱因斯坦又说："我们大部分的知识与信念，是借由别人创造的语言，又由别人传授给我们；个人之成为个人以及生存意义是靠社会的力量。"确是，本书的完成靠许多人。

在此，笔者感谢诸多支持与祝福者，包括丁诗同（台大生物技术中心主任）、吴成文（前"国卫院"院长与"中研院"院士）、吴金洌（农业生物技术方案主持人）、李家维（清大生科系教授）、汪嘉林（生物技术中心执行长）、周成功（长庚大学生医教授）、徐源泰（台大生农院院长）、翁仲男（动物科技所名誉所长）、翁启惠（"中研院"院长）、马哲儒（前成大校长）、陈文盛（阳明生科教授）、陈奕雄（赛亚基因科技公司董事长）、陈树功（食品工业所所长）、贺端华（"中研院"院士）、张文昌（"中研院"院士）、杨泮池（台大校长）、杨惠郎（慕洋生物技术公司执行长）、潘子明（"卫生署"转基因食品审议会召集人）、蒋本基（台大环工教授）、蔡怀桢（台大分子与细胞生物所教授）、郑登贵（台大动物科技系教授）、萧介夫（前中兴大学校长）、赖明诏（前成大校长）、钟邦柱（"中研院"分生学家）、戴谦（南台科大校长）、魏耀挥（马偕医学院校长）。

正如牛顿所说："如果我比别人看得更远，那是因为站在巨人的肩

上。"笔者是站在转基因专家的肩上，才得以完成此书。还有，维基百科和其他知识库实在好用，咨询或查证，就在弹指之间。另外，天下文化的科学丛书总监林荣崧在"幕后"操劳，备极辛苦，笔者"欠债超多"。

台大农业陈列馆门口有一座农夫雕像，旁边地上刻有胡适墨宝"要怎么收获，先怎么栽"。类似的，转基因科学家志在帮助社会，已经披荆斩棘开拓一片天地，目前欠缺的是跟大众（包括其他领域的科学家）沟通，消除各式误解。祈愿本书在各先进支持下，打通此任督二脉。

（照片摄影：林基兴）

附录一
与转基因相关的世界规范

（一）国际食品法典委员会

1961年，联合国世界粮农组织与世界卫生组织共同建立国际食品法典委员会（Codex Alimentarius Commission），旨在促进与维护全世界消费者的健康和经济利益，以及鼓励公平的国际食品贸易，功能包括协调国际组织、政府和非政府机构，制定食品标准方面的一致性等。1995年世界贸易组织成立后，将该委员会制定的标准纳入国际标准，使得该标准对会员国具有相当的强制力。

（二）卡塔赫纳生物安全议定书

2000年，全球在加拿大通过生物安全议定书，为了纪念1999年"生物多样性公约"缔约方会议举办城市——哥伦比亚古城卡塔赫纳，这项议定书就称为卡塔赫纳生物安全议定书（Cartagena Protocolon Biosafety）。作为生物多样性公约的第一项议定书，卡塔赫纳生物安全议定书旨在加强活体转基因生物（LMO），例如转基因植物、动物、微生物等，在国际上的各项安全。卡塔赫纳生物安全议定书于2003年生效。

（三）国际农业研究磋商组织

1971年，国际农业研究磋商组织（CGIAR），由世界银行、联合国粮农组织、联合国开发计划署、国际农业发展基金会等创建，包括三部分：国际农业研究磋商组织团体、独立科学委员会、15个国际农业研究中心。宗旨在农业、林业、渔业、政策与环境领域，开展科学研究和相关活动，以最先进的科学手段，提高粮食安全、减少贫困和保护世界环境。

2012年，国际农业研究磋商组织发表报告（由联合国食品法典委员会授权）指出，气候变迁可能降低未来几十年，发展中国家的玉米、小麦、水稻产量。生产在温带的马铃薯也因为气候变暖而受威胁。小麦产量减少，本可以大豆补足，但大豆对天气变化十分敏感，很容易因为气候变化而歉收。

国际农业研究磋商组织的另一研究指出，食品生产过程中的温室气体排放，占"人类活动造成的温室气体总排放量"的19%至29%，远超过联合国原先估计的14%。联合国政府间气候变迁小组认为，全球变暖的罪魁祸首是化石燃料消费。国际农业研究磋商组织的报告则意味，全球变暖对食品生产的威胁，不仅是在农地上，从生产食物的每个环节都受到威胁，例如变暖引发的洪水会妨碍农产品的生产和运输，也可能引发更多因食物而起的疾病。

（四）千禧年发展目标

2000年，189个国家签署《联合国千禧年宣言》，承诺联合国千禧年发展目标（Millennium Development Goals），旨在将全球贫困水平，在2015年之前降低一半（以1990年的水平为标准）的行动计划。它包含八项目标，而转基因技术可使得上力的，至少有五项：

（1）消灭极端贫穷和饥饿：现在全球人口70亿，已有20亿人遭受饥饿之苦；预估2050年全球人口将达90亿，而粮食需增加七成。这将

造成发展中国家砍伐更多树林,进而导致环境恶化与气候变迁。若要增加土地生产力与耐旱等,转基因技术有助于增产;

(2)降低儿童死亡率:若是遗传疾病,可用基因治疗等技术来救助,挽救儿童的生命;

(3)与疟疾(与艾滋病等)对抗:至今,转基因疟蚊是最有希望的方式;

(4)确保环境的可持续力:转基因作物可减少翻土与喷洒农药;

(5)全球合作促进发展:贫穷国家往往土地生产力薄弱,转基因作物可帮上忙。美国国务院刚卸任的科学顾问费多罗夫,即为协助外交的分了生物专家。

(五)亚蔬——世界蔬菜中心

1971年,美国、日本、韩国、泰国、菲律宾、越南、中国台湾等

亚蔬——世界蔬菜中心,位于台南新化,为世界上最大的蔬菜种源中心。

(图片来源:亚蔬——世界蔬菜中心)

和亚洲开发银行，共同成立亚洲蔬菜研究发展中心（AVRDC），2008年更名为"亚蔬——世界蔬菜中心"（AVRDC The World Vegetable Center），位于台南新化，是唯一设在台湾地区的国际农业研究单位，宗旨在促进发展中国家的营养、健康与经济收入，开发能适应于各种环境（耐热与耐旱涝、抗病虫害等）的作物品种。该中心的基因库拥有4万多种种源，为世界上最大的蔬菜种源中心，每年供应29万种种子给180个国家。

（六）国际农业生物技术应用服务组织

1992年，国际农业生物技术应用服务组织（ISAAA）成立，目的在从事转基因作物的技术转移、分享知识、建立能力、评估影响；尤其是资助资源贫乏的发展中国家。其东南亚服务中心在菲律宾的国际水稻研究所，该中心也是其全球协调办公室、全球生物技术作物知识中心。

全球生物技术作物知识中心发行电子通讯周刊《最新生物技术作物知识》（*Crop Biotech Update*），与超过百万的全球订户分享农业生物技术知识。2011年的年报提到：全球29个国家、1 700万农民（约九成是发展中国家的贫穷农民）种植1.6亿公顷生物技术作物，比2010年增加1 200万公顷（增加了8%）。

全球生物技术作物知识中心亦委托北京的《中国生物工程》杂志编辑和发布《国际农业生物技术周报》中文版。

附录二
评估转基因安全性的技术细节

　　基于一些生命科学家的"挑剔"，转基因专家一再检视他们的顾虑。理论上，这些顾虑有其科技意涵（虽然遐想多于事实），转基因专家很乐意逐一细究，并已一再验证其安全性。这些均属相当技术性的细节，在此仅列出概要。

　　以转基因程序来说，它必须包含四个要项：

　　（1）目标基因，例如"抗除草剂"基因；

　　（2）载体，例如以"农杆菌"将目标基因送入作物中；

　　（3）基因表现所需的基因序列，例如"启动子"；

　　（4）筛选有用基因的DNA序列，如各类抗生素抗性基因。

　　这四个环节都需要严谨的安全性评估，因为我们知道：有用的目标基因产生的蛋白质，有可能是一种毒素，这种毒素虽然目标是用来对付杂草或昆虫，但对人体也可能引起过敏，或造成其他危害。还有，某些启动子可能有害，例如花椰菜花叶病毒（与B型肝炎病毒相似）。我们也知道：抗生素抗性基因若在消化器官内转入细菌细胞里，有可能产生抗性细菌，使得抗生素的疾病疗效消失。（这个疑虑，经过转基因科学家一再验证，已经能解决了，例如：在抗生素筛选标记方面，可使用水母编码萤光蛋白质的基因当作标记——在紫外光下，包含此基因的细胞显出绿色，而不包含此基因的细胞则仍是暗的。）

其次是基因插入位置,若无法控制基因构筑质体(转入基因必须构筑在适当的载体上,目前以质体为主)插在染色体的哪个部位、插入数量等,可能衍生风险。例如,可能造成某些原来不会产生的蛋白质,因外来基因的插入而产生;或转基因作物本身的基因,本该产生某些重要的蛋白质,却因外来基因插入的关系,而被压抑。

还有基因的加成效果,不论是有用基因还是筛选用基因等,可因不同的转基因方式,转移的套数可能也不同,因此其作用也会因剂量效应,而有所不同。

转基因植物的毒性风险评估,较农药的毒性风险评估困难,因为转基因植物的蛋白以微量存在植物体,纯化不易,而农药则结构简单,且主要为外来的化学合成物。另外,标准的测试动物可因个体差异,而造成不同的结果,此种伪真(false positive)的现象会导致判断的困难,也会造成政府管理单位、学者专家与生物技术公司之间的争议。

再次重申:自1994年转基因作物上市以来,已近20年,针对上述种种顾虑所做的验证与把关,迄今尚未有任何确切案例显示转基因作物导致健康风险。

附录三
发表前再确认

　　美国科学与健康委员会（ACSH），2012年8月20日声明：科学研究向来依赖同行评议书面论文，审查通过之后才能发表；但是近十年来，却发现一些重要的发现缺乏可再现性。因此，美国"科学交流"（Science Exchange）公司，提出新计划"可再现性计划"（Reproducibility Initiative），做法是：科学家将研究结果交给该计划，由该计划转送到某一间够资格的实验室，进行同样的实验，来检验其结果。"可再现性计划"希望提供科学家重复验证他们的研究结果的机会，以检验其成果的有效性，希望能消弭"勤于发表成果，后来却发现无效"的浪费。

　　许多研究成果其实无效，因为无法重复得到同样的结果。例如2012年，拜耳医疗保健公司（Bayer Healthcare，全球领先公司之一）提报，他们发现心血管疾病、癌症、妇女卫生领域的医学报告有3/4无法重现成果。美国安进公司（Amgen）的前国际癌症研究主任贝格利（C. Glenn Begley）、美国得克萨斯州大学安德森癌症中心的埃利斯（Lee Ellis）也指出，"科学交流"公司的科学家只能确认基础癌症生物学53篇杰出研究中的6篇为有效。

　　为何会有这么多无效的研究？一个原因是，科学家发表论文的动机若不纯正（为了升等和绩效或沽名钓誉），就可能伤害到"诚实"。

此外，"耸动"的成果往往获得媒体的关爱，这就让有问题的成果更容易仓促发表。

如同美国科学与健康委员会的罗斯（Gilbert Ross）所言："发布有缺陷的或夸大的数据，既不利于科学研究，也会误导公众；不仅阻碍了新技术和新治疗方法的发展，也伤害了较欠缺科学知识的消费者，因为他们相信媒体报道的是事实。"

附录四
参考文献

Nina Fedoroff and Nancy Brown , Mendel in the Kitchen:Scientist's View of Genetically Modified Food, NRC,2004.

沃森，《DNA：生命的秘密》，时报出版，2003年。

雅各布，《苍蝇、老鼠、人》，究竟出版社，2000年。

舒衡哲，《苏老师掰化学》，天下文化，2006年。

匡麟芸，《黄金米的故事》，《科学发展月刊》，2011年3月，459期。

林天送，《除草剂与转基因改造食品》，《科学发展月刊》，2011年7月，463期。

郭华任、牛惠之，《基因改造议题：从纷争到展望》，"农委会"动植物防检局，2004年。

"农委会农粮署"，《基因转殖植物田间试验参考手册》，2007年。

林俊义等，《基因转殖植物之生物安全评估与检测专刊》，2005年。

"农委会"农业生物科技园区http://www.pabp.gov.tw/areabus/liba/a0501map.asp（余淑美教授的《分子农场赋予农业新生命》《分子牧场看见台湾农业新契机》等文章）。

蒋慕琰、袁秋英，《基因转殖植物杂草风险研究与评估》，"农委会"农业药物毒物试验所公害防治组，2004年。

食品工业发展研究所，"非生物逆境耐受性基因改造植物之研发与管理研讨会"论文集，2011年。

食品工业发展研究所，"同源基因改造植物之研发与管理研讨会"论文集，2012年。

作物可持续发展协会，《农业生物技术大跃进》，2012年。

"资策会"科法中心，《谈各国基因改造管理规范与因应新兴挑战之演进》，2007年。

"资策会"科法中心，《台湾基因改造科技管理政策说帖30问》，2009年。

史密斯，《欺骗的种子》，脸谱出版，2012年。

"卫生署"转基因食品管理政策民意认知度调查，盖洛普征信公司，2002年。

《转基因食品二十个问答》，世界卫生组织，2012年，http://www.who.int/foodsafety/publications/biotech/20questions/en/。

美国国务院对转基因等生物技术的评述文章，2003年，http://www.ait.org.tw/infousa/zhtw/E-JOURNAL/EJ_AgriBiotech/ejbiolist.htm。

《植物工厂》，台大生物产业机电工程系方炜，http://www.taita.org.tw/show_epaper/taita/08/industry_view2.htm。

《蜜蜂到哪儿去了？》，朱芳琳与张永达，"国科会"高瞻计划，http://highscope.ch.ntu.edu.tw/wordpress/?p=900。

图书在版编目（CIP）数据

一本书看懂转基因 / 林基兴著；—上海：上海译
文出版社，2015.5
ISBN 978-7-5327-6912-4

Ⅰ.①一… Ⅱ.①林… Ⅲ.①转基因食品—普及读物
Ⅳ.①Q789-49

中国版本图书馆CIP数据核字(2015)第018763号

本书由台湾远见天下文化出版股份有限公司正式授权

图字：09-2015-038 号

一本书看懂转基因
林基兴　著
策划编辑/张吉人　　责任编辑/刘宇婷　　装帧设计/人马艺术设计・储平

上海世纪出版股份有限公司
译文出版社出版
网址：www.yiwen.com.cn
上海世纪出版股份有限公司发行中心发行
200001　上海福建中路193号　www.ewen.co
上海信老印刷厂印刷

开本890×1240　1/32　印张8.5　插页6　字数146,000
2015年5月第1版　2015年5月第1次印刷
印数：0,001—10,000册

ISBN 978-7-5327-6912-4/N・007
定价：39.00元